譯序

十年前，因省府公費機緣，負笈日本，於「東京大學教育研究所」暨「慶應大學社會研究所」研習學校經營。其間基於研究需要，有關企業經營理論的參考頗多，因而對企業管理方面的書籍亦涉獵一二，由初學入門，而漸生興趣，並且驗之於個人日後的工作，可謂獲益匪淺。尤其本書，更爲再三玩索，愛不忍釋。

作者青野豐作先生，從事工商記者工作多年，接觸無數工商界成功的企業家，目睹日本企業者的起伏與衰，以其豐富的體驗，藉著實例的分析，將其歸納成爲理論；進而將理論化爲實際，與事實相互印證發明，以說明某些大企業家成功的道理。此種理論與實際兼具的著作，使人讀來不覺艱深，淺顯易解，而能引起共鳴，發人深省。

書中歷述明治時代江戶商人的經營手法，與戰後發展爲世界性大企業的商場策略，娓娓道來，令人如臨其境，感覺就像閱讀一部日本企業與衰史，從而也可以略窺日本今日活躍於世界經濟角色而舉足輕重的原因所在。那些成功而享有盛名的大企業家，由「簡陋的小屋」出發，終於建立了龐大的經營體系，爲日本帶來了財富與繁榮，以致於獲得了「日本第一」的美譽。

其「簡陋的小屋」，正如我們所謂的「白手起家」。他們創業經營成功的實例，及所遭遇的挑戰與困難，足爲我們工商界人士的參考。再者，書中對企業者一再提及的，諸如信用服務、研究創造、人才培植、堅守「簡陋小屋」精神……等等，也使我們發現，在他們成功的背後，除了日新又新高效率的科學企業管理外，其所具備的那股幹勁與精神，才是維持企業於不墜而日漸隆盛的重要因素，才能養成他們最敏銳的企業嗅覺，此點更值得我們的借鏡與深思。

因鑑於該書尚無國內的譯本，於是忙裏偸閒，在工作之餘，加以譯述，做爲譯者的「野人獻曝」，如能使讀者或有一得，將是最大的安慰與鼓勵。爲保存原書全貌，譯時儘量順著原文口語，有錯誤或不達雅的，尚祈方家賜正，無限銘感。同時，本譯稿完成，承蒙同事友人在外文資料提供、人名翻譯斟酌，及抄寫、校對、整理方面的協助，亦併此謹致謝忱。

白龍芽 謹識於省立沙鹿高工

民國七十七年七月

經營力的時代　目次

第三章　目的選擇力—如何超越變化、如何翻新變化……四五

第六章　事業化力——成功的爆發劑

第一章　序言——對所有企業人要求經營力的時代

第一節 何以稱為「經營力的時代」

「現在的一年，等於往昔的十年。不要懵懵懂懂，必須急起努力。」這是某傑出企業家最近數年來，一再強調並鼓勵社員的話。確實近年來的經濟情勢變化是非常迅速的。

請注意展望一九八〇年代的經濟社會究竟如何？很顯然的，絕不是政府所講的「雖然是低成長，卻是安定的經濟社會。」我們能預測的是摩擦多、不安定的經濟社會。舉一例來看：不久之前，日本經濟新聞所舉辦的代表日本企業經營者（董事長、總經理）一〇〇人的調查資料結果顯示，他們的見解頗為一致。

首先看這些經營者的見解如下：

「八〇年代的國際經濟，繼續七〇年代的不安定狀態，且國內的政治、社會、文化也具濃厚的不穩定色彩。在這時代中，我國的產業結構也發生大變化。企業經營遭遇嚴厲的優勝劣敗的暴風雨。」尤其從下列具體的回答可瞭解：

⑴在八〇年代，企業界的競爭進一步激烈化，企業界的級距拉大……八一人

②企業的吸收或合併增加……八四人

③企業倒閉增加……三五人

企業經營者一〇〇人中，八〇人以上預測企業競爭的激烈化。而且有一半以上認爲對自己公司的經營：「比七〇年代嚴謹而不樂觀」。

要提醒你注意且請你確認的是，這是我國具有代表性的巨大企業和 大銀行尖端的 預測及看法。因此在更多數的中、小企業者（日本一九七五年末的統計數字爲：五百四十萬七千八百四十八的民營事業所，其中業務員在一千人以上者，只有一千二百十三單位。）的看法，認爲情形應該更加嚴重。在八十年代剛開始的時候，重新察看企業經營者的立場，無論誰都會感到膽寒。

在八〇年代的經濟社會，爲了爭奪小小的派（pie），企業競爭更趨激烈化。而且景氣好的期間短，不景氣的時間長。這樣的景氣循環，非採取速戰、速決的快動作不可。而且在這變化迅速的時代，製品的模型變更或陳舊化也快速，想要洞察市場的動向就更加困難。由任何角度來看，都比以前嚴重，所以彼此都感頭痛，這是由於企業戰爭的激烈化所致。再看工商界，最近每個企業都在加緊教育社員。部長、課長是當然的事，至於一般社員也是爲了培養經營力，不少企業正在爲他們舉辦特別訓練。

如此雖是拉開「經營力時代」的序幕，但是在此有一個問題：即經營力的培養，並非口頭講講而已，對年輕社員而言，實在不知如何做起？因此有人感嘆這是薪水階級的受難時代。雖在此必須先提一下，但不必過份考慮。

那麼應如何培養經營力呢？我想以許多實例來說明。在進入本題之前，先探討「經營力是什麼」？

第二節　經營力是什麼

經營力是什麼？如重新請問現代企業人士，不知有幾位能够明確地回答？或許你會覺得奇怪，事實上對此問題要有明確的答案是不容易的。爲什麼？因爲「經營力」一詞，自古就已使用，但並無明確的釋義，至今仍然曖昧不明。

因此，對經營力的解釋言人人殊。有人以爲經營力就是前瞻力、指導力；也有人解釋爲管理能力；還有人以廣義解釋爲經營事業，是營運企業組織所需要的種種能力的總合。

爲寫這本書，曾請教一些企業家「經營力是什麼」？結果各人回答互異，茲列舉以供參考：

經營力就是企業經營的技術、經營者所需要的能力。多數人雖如此看法，但是對年輕的經營者而言，就較難認同。在此，我們進一步探討「經營力是什麼」？

▼經營力＝爲了企業成長發展，所需要的企業人的總能力

▼經營力＝（構想力＋目的選擇力＋決定力＋革新力＋事業化能力＋組織能力）×α（經營理念）

結論：企業人的綜合能力就是經營力（爲了企業不斷成長、發展所需要的企業人的綜合能力）。就是所謂的構想力、目的選擇力、決定力、革新力、事業化能力及組織能力的六項精神上能力的結合，再加上經營理念的總和。現在更進一步對上列六項精神能力加以補充說明如下：

構想力就是綜合多種知覺而創造新目標的能力，其結果能產生企業百年大計的能力。目的選擇力就是不管在何種變化的環境中，能選擇自己的企業努力方向的能力。決定力就是在不明確情況中，能下新決定的能力。革新力係指由原來舊慣例中突破，以產生新商品、新組織的能力。事業化能力就是在新構想下，開創新事業而體現化的能力。組織力就是指 organizer（創造者，組織者）能力。（關於各種能力的構成要素於第二章以後詳述）

第三節　經營力並非單純的管理技術

上節所講的六項能力，每一項都是精神能力，因此無法以肉眼看得到的形狀來表示。所以從前並無明確的提示，而在曖昧情況下沿用至今。擬在此再探討下列三點：

第一、顯而易見的，經營力不只是經營者所需要的能力。第二、經營力不是非經營者就不能修練的。第三、經營力不是單純的經營技術。以上三項尤須將第三項銘記在心。

眾所皆知，近年是「經營科學」的萬能時代，任何企業都是熱衷於引進科學的經營管理手法，當然也有獲得其預期的效果。如今在情報管理、商品管理、財務管理、組織人事管理等方面，正發揮其威力。但是在此尚須探討其實況，不少企業因爲太過熱心於科學的經營管理手法，而發生了弊害。

最重要的是，社員每個人都是人，但以量來衡量人，太重視產品數量的人逐漸增加，這是過份重視社員管理所發生的弊害。在此應重視的是：大量引進科學的管理手法，反使企業人的經營力發生衰退現象。

其所以有此種現象，是由於將經營力當作管理技術，而忘記磨練精神上各種能力的人，越來越增加所致。在此我們要特別強調的是，經營力原來不是管理技術。一般所講的管理能力，即如前面所列舉的六項精神上各種能力的構成要素。這一點也是到現在爲止容易被誤解的。所以在進入本題之前，事先應讓大家了解經營力和經營理念的關係。

第四節　經營力和經營理念的關係

所有企業人，當然要以企業組織的一員，對被賦予的職務日夜埋頭苦幹。但是支持其日日努力的是什麼？很明顯的，並非只是爲了要得到金錢的報酬而已。要生活就非飲食不可，爲了飲食，需要金錢的收入，其金錢的收入則愈多愈好。但是「人不是只爲著麵包而活」，誰都不喜歡只爲了金錢而勞動，且不能爲此而長久忍耐。

那麼，人對工作除爲了求金錢收入的目的之外，還有什麼需求呢？當然，有時爲了榮譽心而支持著辛苦的工作。但是多數的企業人是在追求其他的因素，那就是生活的價值、工作的價值。由職業中的工作價值支持其工作。這種生活的價值觀念、工作的價值觀念，及使命感，使其淨化而產生一種理念，這種理念就是前面所說的經營力的構造式。以經營理念表現出來，這是所有企業人和企業行動的規範。而經營理念、企業理念的體現化——則是企業的實際活動，簡單的說就是「做正經事」的想法和感覺，賦予企業、企業人活動的生命。

所以經營理念、企業理念就是企業活動的核心。這種理念又深深結合經營力的六項精神能力，且左右其尺度。換言之，如果沒有堅定的理念，經營力六項構成要素：構想力、目的選擇力、決定力、革新力、事業化能力、組織力不只變得纖弱，經營力的內涵也就永遠無法眞實的體現。相反的，若有堅定不移的理念，經營力就能夠成爲自己的東西，也能較他人具有優異的經營力，所以事先要有堅定的理念最爲重要。爲愼重起見，再叮嚀補充一句，具有經營力而在磨練的過程中，切記嚴禁性急，也無須性急。

原來經營力是各種精神能力的綜合能力，無深奧的途徑，並非到某種程度就呈現某種完全的形態，因此容易令人思慮過深。暫且不需要考慮過深，如何逐項單純掌握要點，慢慢用時間去磨練最爲重要。

上述多少講得過於嚴格，但是希望進入本題之前請切記在腦中。

第二章 構想力——奠定經營的基礎

第一節　企業的起點是什麼

一、世界企業都是由「簡陋的小屋」開始

那是一九〇八年秋的事。一位青年技師，在當時的寒村——茨城縣日立村（現在日立市）的太白峰對岸山谷間，建一間小屋。小屋的屋頂蓋著杉皮，沒有牆壁，是用粗製的杉板圍築的小屋。但是身爲小屋主人的青年技師具有旺盛的事業心，他名叫小平浪平（三十七歲）。在這四十坪的小屋，製造國產技術的發動機，而踏出夢想實現的第一步。

這是「日立製作所」創業時的模樣，知道的人很多。在經營研究會等會議，提到企業發展史，拿它做範例的頗多。現在將原貌保存在日立製作所日立工場的土地內的這個「創業小屋」（日立如此稱呼），特地去參觀學習的人頗多，確實具有其價值。站在「創業小屋」前，雖非日立的人也會有深刻的銘感。與這「創業小屋」相關連的，是今日的日立製作所，其資本額一千三百十三億日元，一年銷貨額一兆五千億日元，從業員七萬二千餘人（上列爲一九七九年三月統計的數

字），旗下（所屬）有很多分公司羣的一大資本產業。日立羣全體的總從業員人數爲二十五萬人。

這個「巨象日立」在七十餘年前，從僅僅是不足四十坪簡陋小屋起家的。日立製作所吉山博去董事長站在那間「創業小屋」前述懷今昔的差異，很激動地告訴我：「每年春季大學畢業生新加入爲社員的第一次研習，必率領他們參觀『創業小屋』，使他們體會本社是由簡陋的小屋起家的實況，並牢記在他們腦海裏」。至於其他企業又如何呢？大家所知，由簡陋小屋起家，而今日已成長發展爲世界企業的企業相當多。——例如松下電氣就是，一九一七年松下幸之助（現任顧問）將其自宅二疊和四疊兩個房間打通，做成「土間工場」，發出呱呱響聲，由此起家。如今發展成超過日立的世界企業。其次本田技研，是本田宗一郎（現在任最高顧問）於一九三四年由設立小小的工場出發。再次新力牌於一九四六年在百貨公司的一隅誕生。

上述巨大企業悠久的歷史，創業時或有若干不同情況，但可看出其共同點。當然也與其他世界企業有同樣的創業歷史。豐田汽車、味素、富士銀行、野村證券亦然。再往前追溯，探究其歷程，三井財閥、住友財閥的創始時代也是一樣。而海外的巨大企業亦相同。

今日世界上，巨大企業的古老歷史，其創業時的情況多少有差別，但都由「簡陋小屋」出發的。就由這些不同企業的事例做爲本章的開始。

二、企業在幼兒階段的高度死亡率

日本於一九七五年計有五百四十萬七千八百四十八個民營企業所，但是絕大多數是小型企業所；至於大規模企業所、大企業，其數量實在少得屈指可數。

現在，以從業人數爲區分參考，茲列舉如左（總理府總計局＝一九七五年產業所統計報告）：

從業人員數	民營事業所數
一人	一、二九八、九一三
二—四人	二、五五〇、五二三
五—九人	八三七、五八二
一〇—二九人	五二六、一一〇
三〇—九九人	一五七、三四九
一〇〇—四九九人	三三、七四五
五〇〇—九九九人	二、四一三
一〇〇〇人以上	一、二一二

由上列一目瞭然：全國雖然有五、四〇七、八四八的民營企業所（其他公營、國營事業所、公共企業體，有一三九、九八二），從業人員在一千人以上的企業所，僅有一、二一三家，但是法人

企業數量就多。列舉於下以資參考（國稅廳調查＝「法人數的累計比較」，一九七九年與前一年比以增四％計算）

年次	法人企業數	與前一年的比
一九七五年	一、二一一、〇〇〇	一〇五・八
一九七六年	一、二五九、七一一	一〇四・〇
一九七七年	一、三一二、二二四	一〇四・〇
一九七八年	一、三四九、三三三	一〇二・八
一九七九年	一、四〇三、二七〇	一〇四・〇

在此將上列二項整理統計，結果如下：一九七五年末，有五、四〇七、八四八的民營事業所，其中法人企業雖然有一百二十一萬一千社，但是從業人數一千人以上的法人企業，只不過一、二一三社。

這個數字所表示的是什麼？它表示企業的成長、發展是相當困難的。

再談談美國，在美國每年約有五十萬的新規模事業設立；另一方面，每年消失約四十萬家。依據抽查，在二年期間消失二五％；五年以內則不得已關閉六二％。（《日美經營者的發想》，PHP研究所刊）在我國則無這方面的調查，因此詳細的情形不詳。但是由企業倒閉的動向來看，日本大概也具有同樣的現象。現在根據東京商工調查的倒閉統計來看，由一九七五至一九七九年，滿五個年頭而倒閉的企業，其數字到達七八、六三一社（負債額一千萬日元以上）的程度。當然，這個數字不包含負債額在一千萬日元以下的小規模倒閉。所以如果連那些不包括在倒閉統計的自動歇業亦算在內，則企業的死亡數會更多。這和美國的幼兒階段死亡率很高情形相同，其問題在於其死亡原因。

東京商工調查的倒閉統計百分比如左：（一九七九年十二月）

① 業績不振、累積赤字	五三・四%
② 經營散漫	二一・四%
③ 連鎖倒閉	一三・九%
④ 資本過小	六・一%
⑤ 設備過大	二・一%
⑥ 其他支援的中斷等	三・一%

近年，由於商業衰退的所謂「不景氣型倒閉」雖然增加，但是另一方面還是歸因於散漫的經營而倒閉者居多。

三、為什麼有如此天壤之別呢？

那麼在此須重新考慮如下的問題：

為什麼每年多數的企業，同樣在「簡陋的小屋」誕生、出發之後，順利成長、發展的企業也有，但是另方面為何幼兒階段就死亡的企業也很多？是不是「經營方法的差異所致」？事實上這個問題必須深入探討、詳加考慮。

在此先就一般性的加以介紹。有所謂「企業成長——幸運說」，例如薩慕森（Paul Anthony Samuelson）如此說：（註：他生於一九一五年，是美國經濟學家。擅長於經濟、動態分析、研究均衡發展及業績計算，一九七〇年贏得諾貝爾經濟學獎。）

「公司是如何成長的？誰也不知其過程。這有如嬰兒的成長過程，養育幾個小孩就知道，無數的事情會在他們的身邊發生，他們相當辛苦的體驗著。我們只是知道並會驚奇：為何自己自身變成大人？如果經營者回顧自己公司的成長過程，如坦誠的說，就會承認機會或幸運的作用是如何的重要。」

對於薩慕森的解說，你有何看法？現在先講結論：他的指摘過偏於某一方面，多少過於情緒化。

確實如薩慕森所說：企業的成長，機會或幸運往往具有重要作用，但那只不過是一種作用。這事情從下列的調查為例就可了解。

在美國史丹福研究所，於前年連續追踪調查十年關於「成長企業和成長條件」的調查研究，結果知道：要變成成長企業，需要具備左列五項條件。

(1)在於成長領域或成長關連領域。

(2)依據組織化的計畫表，發現新的機會而推展下去。

(3)在現在的活動領域，具有強力的商業競爭力。

(4)經營陣容要大膽，而且有活動性。又須謹慎用心對付危險。

(5)幸運。

照這樣看，幸運只是企業成長的一項要因、條件而已。所以薩慕森所說的企業成長——幸運說，有其限度，值得商榷。受幸運恩惠者也有消失之時，而具備上列的五項成長條件的企業必定成長，或繼續成長。但事實上也並不一定如此。由此可以發現現實的企業社會的嚴苛。再深入研究這種現象，就會發現有趣的幾項事實。

四、衰退、沒落企業的共通點

前年在野村綜合研究所，按照美國史丹福研究所，同樣調查成長企業和成長條件。對象是東證(東京證券)一部份上場製造業。調查方法與史丹福研究所相同，即是追踪調查十年間的方法。這次有關成長企業和成長條件的調查結論，也和史丹福調查的結果相同，進而發現下列幾項事實。

(1)前半的五年間與後半的五年間，都能得到成長的公司僅佔全部社數的九分之一。

⑵前半的五年得到高成長的公司，在往後的五年間有半數以上（五六%）脫離成長羣，甚至其中約二成退化爲低成長羣。

總之，「要成爲繼續成長的公司，比成長的公司更困難。」就是證明這個事實。而且「爲什麼會由成長競爭沒落」？這方面的分析結果如下列：

⑴市場被其他的同業者呑併，導致在產業界失去競爭力。

⑵消費需要的衰退。

⑶買方不振（購買力不振）。

⑷製品價格的下跌。

雖然不是薩慕森的企業成長——幸運說，但我們可以想像他們感嘆自己運氣欠佳，而致其成長衰退的企業人相當多。但在此時，只感嘆自己的運氣欠佳是無濟於事的，應該反省檢討企業努力不够才是衰退的原因。在此我們不能不注意下列兩點：第一、雖然僅僅不過九分之一，但是仍有繼續在成長的企業。第二、有同樣遭遇經營環境惡化而仍在繼續成長的企業。其意義由下列實例就容易理解。大家知道，一九七三年末，第一次石油打擊以後，轉變成減速、低成長經濟，其轉變的過程付出不少犧牲，其中不景氣產業所受打擊特別大。但是我們要注意的是：不景氣產業之中，有繼續得到高收益、繼續成長、發展的企業。例如日清紡織，還有日新製糖、江崎菓子。在同屬不景氣產業羣中，要求生存也不易的時機，依然可得到好收益，甚至繼續成長發展，這當然是有其特別優異巧妙的經營戰略所致，我們不可忽略其經營戰略的根本因素。

東京商工的蕪木重二副社長研究說明如下：

「成長企業不管怎樣由成長競爭中衰退，成爲沒落的企業，均有一項共通點，就是在精神方面欠缺朝氣，士氣低落，這在倒閉企業特別引人注目。精神方面散漫脆弱的企業，其企業體質也虛弱，結果因而倒閉的事例很多。

在這蕪木氏所指出的背後事實，才是值得注意的。

五、缺乏理念和百年大計的安宅一定崩潰

企業倒閉是大家所知道的，在揭開八〇年代序幕的同時，有開始增加的傾向，其倒閉原因非常複雜。總之，十年前經營散漫所倒閉的過半數已年年減少，但販賣不振、累積赤字、欠帳回收困難等原因的所謂「不景氣型的倒閉在增加」，前面也說過，在此請再注意下面的事實：即在同樣的不景氣中，「不景氣之風往那裏吹」的企業也相當多。這話在證明什麼？現在以一九七三年第一次石油打擊爲例來說明，以第一次石油打擊當做流行感冒說明就容易理解。

第一次石油打擊時，相當多數的企業倒閉，其倒閉企業者多數嘆息不幸罹患石油打擊的惡性流行感冒。罹患石油打擊感冒的企業據報導相當多，但是其中大半並不一定病死，大半企業的反應只是輕度的感冒程度而已。當然這大半的企業體，其企業體質較強韌，因此雖感冒並未致命；

若企業體質脆弱的，在第一次石油打擊時就病死了。

感冒對身體健康的人而言，只是感冒而已，但對原來體質較虛弱的人或病人是一大禁忌。「感冒是萬病之源」，可能同時引起幾種併發症，終致喪命，而企業倒閉亦相同。

企業的經營環境，不斷在激烈的變化。企業體質強靭的，不管在那種環境都能繼續發展下去，但是原來體質就虛弱的，或者已經患有惡性重病者，就不能承受小小的環境惡化。當然所有的企業都在要求企業體質的強化，企業體質的強化——就是財務方面的體質強化，雖多數人如此想，但事實上有問題。

前面燕木重二氏的指示，重新受注目的理由是：這個指示以安宅產業的崩潰劇做例子較容易了解。

「安宅產業」是名列十大商社之一的名門企業，曾被稱譽為「營謀戒愼，固如磐石」，素稱「察叩石橋尙不敢隨便過橋」的超堅固經營的公司。戒愼如「安宅產業」竟然變成無法挽救的破布公司，終至崩潰，其原因何在？那已是周知的事實，因其摒棄創業者安宅彌吉的創業精神。將十大商社之一的安宅產業瓦解，是由於第二代、第三代將公司私有化，這是公司崩潰的最大原因。更深入探討細察，就是因為忘記創業的精神，缺乏經營理念及企業百年的大計，始終太過粗率並輕視經營所致。現在我們希望由安宅崩潰的悲劇學到些什麼？請看下列分析。

第二節　企業百年大計和構想力

一、考慮到永遠發展的江戶（東京）商人

「眞正需要然後才買東西就太慢。又，供給增加了才賣東西也是太遲。雨天就考慮晴天，快晴之日先察看風雨，是商人的先見之明。以此逐步應用於買賣，而制敵機先，就是商人的掌握先機。」

這是約二百五十年前，享保時代（一七一六——一七三五）出版的《三貨圖彙》秘傳書中的一節，將其改寫爲現代的文字，令我們讚嘆不已的是在江戶中期就有人道破至今不變的眞理。順便提起作者草間直方，本名叫做伊助，由工友出身，最後成爲當時日本一流的豪商「鴻池」的大總經理，後來被列爲鴻池一門的人物。或者草間直方才能道破生意的眞理也說不定，事實上江戶中期竄起的新商人，就是現代企業人的起源人物，此事在拙著《商人的智慧袋》、《商賣秘訣集》（二冊都是PHP研究所刊）中已有詳述。在此再摘錄其要點：他們的資質之高，不僅是世

界第一級的商人，由現代眼光來看，也是驚人的商界高手。

比如說，具有江戶商人代表性的初代三井八郎兵衞高利（一六二二——一六九四），他在天和三年（一六八三）掛出「現金賤賣不講價」（現銀安賣掛値なし）的招牌，之後編列越後屋商法而成爲有名的商法。這不只是世界最初的「定價出售」，且將「薄利多銷」的商法，在世界上最先實施其組織化生意。順便補充說明：法國人阿里斯德．布稀哥比三井高利晚約一百年，在巴黎實施「定價販賣」而成功，後來創立世界最早的百貨店。

另方面，在同一時期，越中富山的藥商，打出今日所謂的「消費者信用」的招牌，做藥品的家庭寄售。又大約同時，有人以瀨戶內海沿岸爲中心，辦理世界最早的分期付款的生意。不管那一項都是至今愈來愈興盛的生意，世界各國都能看到的商法。試想遠在三百年前，江戶商人首開先例實施上列商法，其高度的智慧，令人欽佩驚嘆，但應注意的是下列的要點：這些在江戶中期竄起的江戶商人，能够考慮到一百年、二百年後的發展而從事商業經營。三井財閥的始祖三井高利、住友財團的家祖住友政友（一五八五——一六五二）等就是其代表。三井家的情形，初代高利死後，爲了全族永遠繁榮，制定全族一致協力的《宗竺遺書》。

依據吉田豐編譯的《商家的家訓》（德間書店刊），這個《宗竺遺書》具有下列著名的特徵：首先，爲了全族永遠繁榮的大目標，同族特別對以他爲中心的三井各家的人，賦予嚴格的自律自制的義務。全族的人寧願維持其地位，不貪圖特權，年輕時站在商業的第一線學習實務。公私重大事情的決定，應經過同族協議通過後辦理之……等等，除設有適切的規定外，更於人才的育成、新鮮的人事、嚴格的會計處理等，均有具體記載，由現代人的眼光看，那些確實是十分的新鮮。無論怎樣，不只一百年、二百年，目標一直放在永遠的繁榮上。我們驚服這些江戶商人的壯大，但建立壯大目標的背景更值得我們注意。

現在可作如下結論：他們在無法與現代企業相比的嚴苛經營環境下經商，所以反而將目標放在永遠的繁榮上。

這在曾出版的拙著已詳述過，但再摘錄其少部份以供參考。

二、因為減速、低成長，所以需要「百年大計」

那是德川八代將軍吉宗，就任將軍職的享保元年（一七一六）的事。吉宗為了改革幕府的財政，立即實施「享保之改革」，結果經濟情勢一變，使當時的商人面臨危機，為什麼？吉宗大膽地實施財政緊縮，以致景氣急速蕭條，且實施不接受有關金錢貸借訴訟的德政，結果發生貸金回收困難，富商大量發生倒閉而沒落。其後二十年，繼續發生今日所謂零成長、停滯經濟的情況。

但是相反的，在那未曾有的經濟不景氣中，仍有竄起的商人，可做代表的有鴻池善石衛門宗利（鴻池第三代）、三井八郎右衛門高房（三井家的第四代）、泉屋吉左衛門的住友友昌（住友家的第四代）。他們在很多豪商、富商相繼沒落中，反而因有實力而竄起，各由其始祖在「簡陋的小屋」中開始發展其家業。

現在，將他們共同的特徵整理出下列三點結論：第一、和以前的政商不同，以接近一般平民，從事以平民爲對象的商業。第二、讓客人喜歡，一面滿足客人，另一面獲得利益。徹底實施「直接商法」（直接接觸民衆的商法）。第三、不考慮自己這一代的大飛躍，目標放在子孫以下各代的發展，指向永久安定發展的經營態度。還有一項，卽他們三人——代表江戶中期的商人，對商人應扮演的角色和應盡使命有正確的認識——這就是他們共同的特點。

在享保四年（一七一九年）出版的商業秘傳叢書之一的《町人囊》中，西川如見（一六四八——一七二四）持下列看法：「經商之道，並非只是以金錢買進，再加倍利潤賣出而已。商業之心，稱謂商量，量物的多少好壞而運用之，不取高利，將有通無，暢通天下的財物，以達成國家的需要，謂之眞正商人。」

這就是江戶中期的商人哲學、商業觀。以這種商人哲學做爲自己指標的江戶商人，不管子孫是否愚笨，希望永遠的繁榮下去。甚至處在不能和現代比較的嚴苛的零成長、經濟繼續不景氣下，能够不爲自己這一代的大發展考慮，而爲子孫繼續好幾代、一步一步發展家業去著想才是實際。因此，定「家業百年大計」留存給子孫，也可說正因爲處在緩慢、低成長經濟，所以必須考慮「企業百年大計」，當然現代也可同樣應用。

三、本社非成長不可

一九七八年四月十七日，橫濱銀行吉國二郎（總經理），因爲進入新營業年度，召集例行的「總部首長會議」，席上以未曾有的激烈語氣發出大號令。

首先介紹其大號令的內容：

「在銀行界困難重重包圍下，再加上今年嚴苛的經濟狀況，應積極展開行動，非具體的發揚擴大業務，提高業績不可。」

這是吉國總經理年初以來，有機會就強調的事，此日更認眞的開始強調其重要性，因此並排在前座聽訓的各分行首長，不知不覺正襟恭聽。因爲感到總經理的每一句話無不意氣橫厲。他昂揚的語氣、用心認眞的態度，令大家感動且由衷地佩服。總之，聽了總經理的訓示大有奮勇凌厲之勢，大家都說「好，幹！如果不這樣想的就不是本行的行員。」（野田幹雄，企劃部長）

橫濱銀行行員心裏的燃燒、猛然奮發的情形，是可以令人體會的。無論怎樣，對當天總經理的訓示，響應大號令而發憤的行員，一齊開始勇猛進擊，但是敵對的他行或大首都銀行，則對橫濱銀行冷眼旁觀。「元大藏高官（指吉國總經理，他是元大藏事務次官，一九七五年十一月進入橫濱銀行擔任總經理）對銀行界的現狀看得很幼稚。」有人說著這種風涼話。

當我訪問吉國總經理時，曾告訴他有關外界對他的這種批評。他很乾脆的回答說：

「我知道有人會批評我的業務擴大計畫（註：以一九八〇年度爲目標，計畫預備金倍增的業務內容擴大計畫），這些批評業務內容擴大的人，不只是由於他們不知道我們內部的現況，實在也是因爲不瞭解銀行界的現況所致。在現在這樣嚴苛（困難）的環境中，只靠消極的效率化是不易生存的，就是安定成長時代，也不可捨棄成長戰略，何況還在追求高度成長的夢……說這些話的人就是認識不够。」在此我要補充的是，吉國總經理對我說這些話時，是一九七八年春，也就是吉國進入橫濱銀行還不足二年半的時候。

那時，敵對的其他銀行的負責人及金融界，對業務擴大計劃（COSMO計畫）批評爲「因爲不了解實情的他，反而批評這些人認識不够。」其氣魄相信各位可以了解。在此還有值得重視的要點是：吉國總經理命名爲 C.O.S.M.O plan（業務內容擴大計畫＝中期經濟計畫），奠定了橫濱銀行經營百年大計。

C.O.S.M.O Plan 的 COSMO 就是宇宙、秩序、調和的意思。是基於希望調和社區社會發展的一番心意而命名的，在這方面能看到吉國的志向。又從 COSMO 各字的意思，表示橫濱銀行所標榜的銀行特徵饒有深趣，茲羅列供參考。

C：Community——貢獻地域、結合社區而發展的銀行。

O：Overseas——計畫飛向海外，適合港都橫濱的銀行。

S：Service——以信用可靠提供服務的銀行。

M：Manpower——具有高素質人才，充滿朝氣行風的銀行。

O：Organization——具有機能，充滿朝氣有組織的銀行。

就是將COSMO各字的內涵，注入橫濱銀行的目標，成爲其銀行象徵，明確地表示讓年輕的女子行員也容易了解，且當做自己的問題而認眞去幹。研擬以此命名，是因爲經營環境趨向嚴苛而產生的大構想，其結果當然是基於減速、低成長經濟時代的大構想，所以業務內容擴大計畫推進的效果是顯著的。

我追憶橫濱銀行的這個範例，是由於大和銀行野村證券的創業者野村德七的話。他的一句口頭禪謂「意氣風發，勇猛奮進，自然行得通。」吉國總經理的立場可印證這一句話，又「本社不能不成長，所以不可能退縮。」

四、為什麼要經營？為什麼要勞動？

進一步我們站在工商經營範疇加以探討，對橫濱銀行業務內容擴大路線的方式，至今仍有可批評的。高度成長的時代已過去，但重新問起企業的社會責任，則處在更要和社會調和的現代，主張成長第一的經營態勢和經營理念是不當的，如此掛在口頭批評的人愈是愛講「爲支持企業的理念，要努力尋找代替『成長』的新理念。」雖然這看法似乎有理，但其實只是無意義的空論。爲什麼？企業要履行社會的責任，促進社會的調和——絕不是否定成長的。前述大家已經看過，那是江戶商人教導其後輩的要點。松下幸之助（松下電氣顧問）在日本經濟新聞上，更以明確的形態加以指示。原文略長，茲轉載於下（日本經濟新聞，一九七七年一月二十五日）：

問：今後幾年，企業的社會責任嚴格地說應該如何？

松下：我想，企業的社會責任包括下列三項內容。各種企業本來的使命，以貫徹到底爲首要，這是最重要的。其次經營者或從業人員，不要冒犯妨害他人的錯誤，要有這種心理準備，假使發生這種失誤，就有必要努力早日革除。最後獲得適當的利益，如此才是善盡企業的社會責任。

問：適當的利益是什麼？

松下：企業須依各自能力繳納相當的稅金，也須考慮對社會或社區有用的事，所以企業的發展，不能沒有資本的累積。如此做的結果，以自然而得一定水準的利益來想就對。

問：獲得適當的利益，爲什麼是社會責任？

松下：公有的土地，天下的人，天下的資本等企業活動所必要之物，全部都是由社會所賜予。因此，不允許企業團結一致不獲利益。比如製造業，不可以製造不良產品一樣，社會不允許企業做那樣的事。

問：石油打擊後的大企業批判以來，國民對企業利益的意識是否已發生變化？

松下：若是正當勞動都不能獲得利益，就不是企業，而變成慈善事業。但是現在，社會情勢造成不能獲得利益。可見政治上的做法令人感到有問題，當然政府也要設法振興景氣，但是經營更該用心。在自由世界，國家的發展以企業能得到適當的利益爲前提。在此不可隨便做成妥協，對不能得到利益的企業，政府要予以處罰，有這種明確的想法才對。

問：社會對企業的要求，和從前不能相比，而變成多樣化。你對企業和社會的關係，有何看法？

松下：企業到底是以地方社會的一員而存在，經營者或從業員都要努力，以便對社區或社會有貢獻才行。企業若是這樣的存在，社會或社區就會支持這種企業的發展，這就是企業和社會共存的眞諦。

問：今後企業和社會的關係是否愈緊張？

松下：企業有賴消費者或市民的支援才能發展。假使企業已履行社會責任，卻不能發展的話，無疑的是社區或社會的不對，但是不可能有這種現象。社會的誠實値得信賴，所以沒有問題。

五、經營理念和大計及構想力

近年，松下幸之助的顧問們多屬憂國之士，一直在喚醒危機意識；但松下幸之助的思想淵源於樂天主義，只因並非單純的樂觀主義，所以時常都在爲將來設想。而且設想的趨勢不只三—五年或十年，而作一百年、二百年的長遠考慮。先畫出理想的輪廓，其次漸漸回到現實，所以批評「現在的日本是不成的」，因此乍見之下好像是悲觀論者，但其基本思想到底是樂天派。在此擬指出其一項特點：正因爲如此，所以由簡陋的小屋（土間工場）出發的松下電氣能夠成長、發展到現在的大松下。

當然，這是偉大的創業者所共有的顯著特徵。舉例說：日立的小平浪平、野村證券的野村德七、出光石油的出光佐三、三洋電機的井植歲男、石橋輪胎的石橋正二郎……等。其他還有許多例證，在此只介紹日立創業者小平浪平的神話。

一九三一年，適逢世界未曾有的大不景氣，產業活動大部分接近停頓狀態。企業均爲求生存而大傷腦筋，所有企業都在緊縮營業，但是日立的小平浪平卻不然，他在獲悉常盤線日立車站附近，有廣大的工場適用地出售就買下來。那不是因有多餘的資金，所以周圍的人們都大感驚奇，而批評其無謀。但小平浪平泰然自得，他日後曾講：

經濟漸呈不景氣，要維持本就相當困難，但是電氣機械的製造會隨著文化的進步而發展。另一方面日立的山手工場遠離車站，只靠唯一的輕便鐵路，這是一大難關。所以當時在助川車站（現在日立車站）的附近有空地，就該買下來做爲以後發展之用。結果電氣機械的製造業，隨著文化事業的進步而不斷發展，如此構想與當時社會的景氣沒關係，而是依前途的大

方針計畫進行。（《小平的回憶錄》：小平浪平追悼集）

再說，這塊工場用地購買後，變成日立大飛躍發展的原動力。在收買當時，預想這件事的人是小平身邊的極少數幾人而已，周圍的大多數人完全不瞭解。

原來，小平浪平和他周圍的人，對電氣機械事業的熱中、看法完全不同，又經營理念或經營構想也不同，當然各人對將來的抱負亦不同，所以我們不能不瞭解彼此構想力的差異。那麼，構想力是什麼？有更深一層研究的必要。

第三節 構想力—知覺、發現、綜合、創造能力

一、先有「構想」——日立的情形

摩樂瓦說：「除極少數的偉大創業者外，大部分的人如傳籍所載，爲了吃、爲了生存，由簡陋的小屋開始工作，由三坪大的小店開創事業。」茲舉一實例：松下幸之助就是好例子。松下在其著作《實踐經濟哲學》（PHP研究所刊）裏面如此說：

我度過六十年事業經營的生涯。深深體驗到經營理念最爲重要。換句話說「這個公司爲了什麼而存在？經營的目的是什麼？以什麼方法經營？」關於這些，要具有正確的基本觀念……但是實際上，我本身並非自創業之初，就具有明確的經營理念。我的工作本來以內人和義弟（註：井植歲男，原三洋電氣社長）三人，所謂爲了生活，以小事業的姿態開始，當初並未考慮到有關的經營理念。當然，做生意爲了要成功，必須考慮種種有關的事。只是應用當時社會的常識，順從商業的共同理念：「非作出好的事物不可」、「不能不用功」、「不可不重

視顧客」、「非感謝顧客不行」。以此觀念，拼命做好事業的態度而努力著。

由上述看來，我們好像眞正了解松下幸之助所說，創業當時的認眞態度。順便說明一下：當時松下才弱冠二十二歲，存款的金額才一百日元，全部投入製造電氣插頭。卽因資金週轉困難，向友人借貸一百日元，所以大概並無經營理念的問題。實際上，松下在一九三二年看到某宗教的發展情形，使其頓悟經營訣竅，確立「自來水哲學」。此後，不斷飛躍再飛躍。在此爲做結論，先說布稀哥，再說年輕時的松下幸之助，在創業時並無打算要創立世界性的企業。

又如新力牌的創業者井深大。他創業當時也未想到要創立「世界的新力牌」。他只想推進機械和電氣的結合，活用兩項的特徵。本田技研的本田宗一郎也爲創造最優秀獨特的汽車鉸鏈而創業，並非自始夢想成爲「世界性的本田」。

當然可以說那是極自然的事。但是在此有個例外的人，就是日立的小平浪平。他不愧爲東京帝大工學部的英才，他對電氣機械事業前途有遠見而創業，並在其簡陋的小屋時代就計畫企業的百年大計。

那麼爲什麼只有小平浪平有這可能？先歸納其結論，卽他具有做該事的知識、經驗以及優秀的先見力、綜合力、創造力。且當時他只是三十七歲的壯年。換言之，他能洞察經濟社會的全體，知悉其中的變化，並認識、洞察、發現，更進一步能統合其綜合性，然後明確的統籌自己應做事業的目標，提出規劃的能力，以上都是具有構想力使然。

上面所說的略爲複雜，現在再簡要說明如下：

二、小平式目標設定的妙用

依據美國經營者具有代表性的蘭德波爾克（Louis Land Bolock）（美國銀行的原會長）的看法：企業最高負責人的工作有下列三項（《日本經營者的發想》曾刊登）：

⑴訂定公司將來的路線及目標。

⑵依其路線，判斷各樣配置是否適材適所。並在此立場考慮現在的戰力及將來的戰力。

⑶評鑑公司內各階層每個人，工作是否照事先所定的基準及期待目標達成。

當然，普通企業最尖端的工作，須更廣泛而複雜，但是蘭德波爾克卻不這樣想。設計、生產、販賣、金融、管理、人事等，每一項都只是公司機能的一部分而已，假使擔任全部也只不過是一事業的部分職務而已。要之，不管如何能幹的人亦不能做好全部。假使又要做其細目中的一項，只會影響全部業務的結果而已。換言之，他的工作是全公司的經營，和部分的經營由次級的人員擔任，其情形不同。

這樣看來，蘭德波爾克的論旨明快、無異議的餘地。但是在此重新加以探究。這三項任務可以說都是難題，其中尤以第一項「訂定公司將來的路線及目標」最爲不易。

因爲非神明的人類，無法明確透視將來。但若要設定將來的路線及目標，則須能透視將來。

因此平凡的人，對此就會感到頭痛，甚至整天憂心忡忡抱頭沈思。透視將來如錯誤，就是將來路線＝設定目標的錯誤。無論如何，卽使具有超越的經濟眼光、先見力者都會因設定路線、目標而耗損神經，傷透腦筋。

對蘭德波爾克那樣著名的經營專家自是另當別論，但對普通人來說，則是一件難上加難的事。想到這點，誰都會對路線及目標之設定感到徬徨。現在再看小平浪平的情形，從各種調查資料顯示，看不出他爲路線及設定目標而苦惱，他寧願以單純而簡單且不發生錯誤爲原則來設定路線及目標。那是爲什麼？在此簡單明快的說出其答案。

原來小平浪平不把設定公司的路線、目標，當做是困難的事，也就是說他簡單的確定了路線及目標。具體的說，他只由三個觀點來定公司將來的路線及目標，且以簡要的形態提示之。

第一、他認爲「電氣機械的製造是隨著文化的進步而提升，所以必有發展的一天」。第二、日本的電氣機械全部依賴進口，所以他想以國產製造技術來改變國內的供應，當做是企業者的使命。第三、自認具有這種製造能力。

就這樣小平浪平由「簡陋的小屋」開始製造發電機，而邁向夢的實現。以這夢的實現，做爲公司的路線及目標；以此「小平構想」做爲出發點而已。

不過，這只是以最單純化來說明罷了。事實上他爲了實現其夢想，不惜燃燒其生命，不斷接受辛勞的考驗。在此須特別強調的是，以其夢想提出構想及目標，而獲得周圍的人的瞭解及支持。當然那是由於小平浪平特有的人格、見識、指導力、經驗，及具備技術的實力，才能有此表現。但是很多人只要聽到要策劃企業的百年大計、構想，就認爲非常困難的現代企業界，小平流的目標、設定、大計、構想提示反而受到重視。

三、何謂構想力

在此將構想力的意義加以整理，首先聽到「構想」的每個人，都會在腦中浮現「凡事就其全部的內容，對達成目標所需要的方法加以全盤思考」，這是辭典對它的解釋。另方面，哲學派的人就會在腦海中浮現三木淸對「構想力」所下的定義。構想力與想像力、造形力相似，爲了更容易明白，將其分析說明如下：

△構想力＝經營理念的內在因素，企業者認爲可能實現的夢的造形化，得以下列公式加以思考：

▲構想力＝（知覺力＋發現力＋先見力＋綜合力＋創造、造形力）×α（經營理念）

在此補充說明如下：構想力是企業者將其夢，描繪出一個形態的能力。這個夢當然需要有實現的可能性。所以近乎空想、夢想之類，在最初就不可能實現者，當然必須除外。另一方面，考慮可能實現的夢，須是經營者，在其經營哲學、理念的延長線上能出現的才能列入。當然，構想力依據其經營哲學及理念而決定。其尺度依據前列的公式，因精神的各種能力之不同而有差別。

比如說，有人提出「世界性新力牌構想」而獲得周圍的人的支持。另一方面，有人認爲是差勁的世界性新力牌，連發表做「市內的新力牌構想」，都無法獲得人們的支持。

普通，由「簡陋的小屋」出發後，誠如松下幸之助的顧問述懷曾說的，並非經營理念不斷維持其狀況。但拼命努力的結果，逐漸步上軌道，也充實了做一個企業者的實力。只是多數情況，在此一次滿足就停止，或不考慮前後的情形一直擴大規模，其結果則因勇敢大步邁進而衰退、沒落。如果在這個階段，確立經營理念，整理構想，然後再出發，則其企業會穩重而加快步伐成長。這在許多企業史可以清楚看出來。對其後的成長、發展，當然需要做構想的更新。

雖說更新構想，但若不是爲了長期經營計畫的需要，就不必更新經營計畫。也就是在達成初期目標後，再做擴大其經營形態尺度的新構想。因此初期應該確立其基本的經營中心理念。這種事情，以野村證券的「世界性野村構想」爲例做比喻說明就容易了解。

四、「由無生有」——「世界性的野村」構想

證券界的尖端企業——野村證券是眾人所知的名企業，常被喻爲「金太郎飴」。金太郎飴，不管切何處都會看出同樣的外表。野村證券正如上述情形，人家問其公司的將來相，由基層社員起至最高級員止，都會有同樣的回答：

「野村證券的目標放在『世界性的野村』。其世界性的野村就是投資銀行、融資銀行、股份

仲介業者，又是投資指導者兼財政顧問，將世界做為其活躍的舞臺。」

野村證券的社員，在任何情況下都這樣回答。據我所知，一直到戰後也不變。

不過，回憶戰後三十餘年中也有以「世界性野村構想」為恥的時代，就是戰敗後的十年。

那是一九四八年的事。野村證券的高級部門人員流向公職，因此由年僅四十三歲的奧村綱雄（已故）就任董事長。這時社會上稱奧村是三等要員，認爲「野村證券會毀在這未成熟者手裏」，如此嚴酷的批評他。剛好，適逢資本市場衰退狀態，前途多難狀況下，奧村好像不知周圍的嚴酷批評，竟然高舉「世界性野村」的構想，使野村危險的傳說愈加擴大。但是奧村在世時，據我直接聽到的是因為景氣衰退狀態，所以故意高舉「世界性野村的構想」。

「世界性野村構想」，原來是野村證券創業者野村德七創業時的口號。戰前很早就在紐約出現設置支店的行動。總之「世界性野村構想」是野村德七的創業精神。在其經營理念中，「夢想造形」的延伸，雖然因戰敗沒落而退到原位，但是奧村在這位創業者「夢的構想」中注入新的生命，促其復興。原來他自己對其構想的實現，會到達何種程度是無法確知，但是奧村的這項行動，喚醒了公司危機關頭生存的原動力。青春活力，促使夢想實現的爆發。當然戰敗後的十年間即是奧村時代，於計畫企業復建時就耗盡全部精神，無法再進軍海外。但奧村播下的種子——「世界性野村的構想」，在下一代瀨川美能留（現任顧問）的時代就長出幼芽變成幼木。而再下一代的北裏喜一郎（現在的會長）時代的十年期間開花，繼續發展至現在董事長田淵節也。

繼續介紹北裏喜一郎（現在的會長），他曾告訴我：「好不容易剛好在海外佈置好的階段，以後就是發展期。」並強調，剛剛站在出發點，以後「世界性野村構想」將在眾人注目下逐漸發展。

野村證券曾以美國的大手證券做爲目標。但是現在的「世界性野村構想」的延伸，並未列入大手證券。爲什麼野村證券的世界戰略，於活躍舞臺後就將大手證券除外呢？那是前面提出的「世界新的金融資本、野村構想」新登場的緣故。推展這項新構想的最高負責人田淵節也（現在的董事長），賦予野村歷代董事長的使命是「由無生有」，使其由摸索中產生新構想。

野村證券自創業以來，歷代董事長非超越前任董事長展現新的工作不可。持續這樣的傳統，且其新工作，必須是前任所未考慮到的才行。也就是前面的路線未曾考慮到的。總之非「由無生有」不可。當然這並非容易達成的使命、課題。既然當了野村證券的董事長，就非做到不可。

由此「世界性野村構想」，才不斷自體成長、發展下去。所以可以清楚看見野村證券壯大的根源。

第三章　目的選擇力——如何超越變化、如何翻新變化

第一節 如何超越變化

一、新型態的企業人——競技人

在激烈的企業戰爭中，雖只剩一步也不退卻，且秘密地開發新商品，甚至創造卓越的新理念、新事業，才能打倒其他敵對企業。另方面於不斷變化的經濟情勢中，得隨時研究出對策，且即刻付諸實行。

近年於美國逐漸誕生新形態的企業人，總稱爲競技人（game man）。最近日本工商界也不斷增加類似的經營專家。他們的共通點是：將經營當做一種競技，扮演爲快樂而做事的人，所以不太熱衷於爭取企業的尖端，或爭取權力或富有。總之，率領團體參加經營競賽，打倒敵對企業而贏得勝利，獲得快感。這種新型態的企業人愛好亂世，變化愈激烈其意欲也愈強烈，是其共通點。雖然如此，但是和十年前的所謂狂熱企業人情形又不同。

衆所皆知，曾有狂熱企業者，以經營競賽爲樂，且有餘力不顧前後狂熱勞動的工作者，抱著只顧業績高昇就好的想法。所以有時候，周圍的人顰蹙看著他和敵對企業競爭。開口就是愚昧粗俗的言語，全是口無遮攔的穢語。站在工作陣頭雖然好聽，其實在他人的眼中多是橫衝直撞的事。只要對他有利，什麼都要插一手，以「鯊魚商法」爲得意，雖然其人自認是具有實力的企業者，但在他人眼光裏只是愚蠢的工作者。這種狂熱企業人讓人討厭的程度，誰都還記得很清楚。

另一方面，最近開始增加的新企業人、競技人，比任何人都有充沛能力，而和狂熱企業人不同。其智慧較高、瀟灑態度也與上列人不同，其團隊動向也互異，所以稱爲新型的企業人、競技人。現在重新觀察工商界，究竟能看到什麼？那是眾所皆知的，除競技人之外，多數的企業人經營企業或商業，如有餘力享樂，勢必對變化失去適應力。

據心理學的分析，人若持續接受激烈的變化，就會失去適應力、判斷力，也就是患了所謂「環境不適應症」。而且有一次患了這類典型的現代病，要恢復原狀，就要相當長的時間，所以令人擔心。因此每個人必須培養高度的應變力，尤其必須養成遇到任何激烈的變化也要有處變不驚的能力。雖然如此，新興的企業人、競技人和環境不適症者的差異因何產生，容於第三章開始做深入研究。

二、改造變化或逃避變化

經濟部（通產省）從一九七四年起，發表在大學相關部門協助下所做成的「新經營力指標」。

這個指標是讓企業經營者研擬經營方法時，做參考資料的評價標準。

這個「新經營力指標」是，上自社長起下至經營尖端人員的經營能力或組織，將製品戰略指標化，且要調查其傾向及對業績的貢獻程度。近年由於只看銷售量或自有資本率財務指標，是不能瞭解企業的經營力的，所以必須每年舉辦這項調查。前曾發表的一九七八年版「新經營力指標」的調查，結果如下：調查對象是東證、大證一、二部企業中之製造業一、〇三七社。其中有效回答數五四一社，佔五二·三%）

(一)經營傑出的重要因素

①董事長＝與曾有的高度成長期同樣，在創業者董事長的強力指導下做決策，則企業的業績轉好。

②職員＝能夠以客觀、冷靜的態度看企業。具有在職期間長的職員集團來幫助最高級人員的企業，其業績比較好。

③經營目標＝不拘經營環境的變化，貫徹開發新製品的企業，其業績較好。

④策略的決定＝比其他企業先著手，迅速做成決策的企業，較其他過於愼重的企業，更有好業績。

⑤研究開發＝高級人員積極參與訂定開發日標的企業，其業績較好。

⑥長期經營計畫＝策定長期計畫的企業，比未策定長期計畫的企業業績好。

㈡**製品戰略的重要因素**

①新製品比率＝過去三年期間，開發、出售新製品的全銷額，所占的比率愈高的企業，業績愈好。

②商業之促進＝重視商業教育的傾向，在大企業很明顯。

③研究開發目標＝重視新市場的開拓或開發革新技術、突破從前的市場、革新技術限界的企業在增加。

④尖端設備比率＝主要設備當中，在設置後三年內尖端設備的比率愈高的企業，其業績愈好。

㈢**財務重要因素**

①銀行交易＝和銀行的交易，逐漸邁向只限窗口服務的趨勢。

②資本的營運＝重視公司內累積盈餘企業，其收益性高；重視增資的企業，其成長性高。

③金融費用比率＝支付貸款利息等金融比率低的企業，業績較好。

④財務指標＝重視收益性指標的企業比重視成長性指標的企業逐漸在增加。而能够確保預定利益額爲其財務指標之首要重點者，尤爲顯著。

整理上列要點，結論如下：具備最佳強有力的指導和擁有長期經營計畫，能精密計算，且有堅實的財務對策，積極突破性經營的企業，其業績較優良。

剛才引述「新經營力指標」的調查結果，並不是要企業逃避變化，而是向變化挑戰，進一步再確認：因變化而創新經營、創新商業的重要。也許大家會認爲上列所講是眾所皆知的事，但是眾所皆知的事，重新再強調，是有其理由的。在此，再舉一個實例，讓大家再略加思考，以瞭解我再強調的理由。

三、第一外套倒閉的真因

曾享譽VAN廣場，以壓倒性魅力吸引年輕人的第一外套，竟因負債五百億美金而倒閉，那是一九七八年四月六日的事。

「敗在對年輕人的年輕商法」，新聞如此報導，且是報導專家的種種分析及看法。大多數同情第一外套的經營者，「因爲不能掌握年輕人多變性喜好而釀成此悲劇」，如此認定的人相當多。這個分析及見解，從某一角度來看可說是正確，但是似乎過於情緒化。爲何？在和第一外套同樣關心年輕人流行世界的經營者，能掌握「年輕人多變性喜好」，進而展現好業績的企業也不少。所以不要以太主觀的見解來評論，應由純經濟的觀點來看。第一外套的倒閉，只是單純的企業戰略失策而已，別無原因。

第一點失策，「高度成長型的市場商業」已經過時，但是它始終遵循原來型態的高度成長市場商業。

大家知道，在以前的高度成長時代，企業如吹笛，笛聲一響，消費者就會跟著跳舞。但是進入減速、低成長時代以後，高度成長型的市場宣傳已無效。團體流行關係，業界的人早就知道，消費者已不再照企業的吹笛而跳舞。與其說消費型態改變，不如說是消費者成熟，也表示消費市場已成熟。

一方面，第一外套的經營方式，輕視這個事實，始終採取高度成長型的商業方式。而且在管理方面也有很多缺點。創業的董事長石津議介雖然是流行界的大師，但是對企業經營未必內行。例如他常說：「我創業以來未曾看到公司的資產負債表」。如此只追求虛榮、表象輝煌的經營，怎能持久？第一外套可說因虛榮式經營而倒閉。如在沙地上不築地基，突然建城堡一樣。如此遇到不景氣的經濟地震，如何撐得住？當然第一外套的經營者，應該注意到這一點。但事實上正相反。而且另一方面，第一外套還隱藏著一項重大的缺陷。

尤其如果第一外套能够掌握變化，標榜創造流行且自鳴得意，相對的其企業人對新變化的應變力，將呈現脆弱的一面。因爲自己推動變化的意識過於強烈，不知不覺中，由於過度自信，結果輕視社會上和自己無關卻時時不斷在變動的地方，不知不覺成爲一項隱藏的缺陷。也就是說領先變化、操縱變化、過分想創造變化，因此對變化過度反應，結果適得其反，對於變化的反應遲鈍，甚而脫離本題，應變無力。而且自己本身察覺不到這情況者居多。第一外套也不例外。

四、受過分刺激後如何自保

在經濟情況激烈變化，經濟環境快速轉變中，如果只看其表象，就不會了解眞正的情況。由於我們面對新的變化，就會調查過去是否有類似的情況，而類推「過去有這樣的前例，所以這次大概也如此。」雖說歷史會循環流轉，但是若由過去到現在的延伸線上來預測、判斷未來，大概都會失敗。

為何？哲學家三木清在「構想力的理論」上說：「過去的經驗只是偶然而已。」美國的社會學者亨利・寧爾（Henry B. Neil）說：「人若遇到某一事件，就會追憶最近類似的經驗。可是容易忘記其原因、內容、結果等的不同。」這裏就產生我們思考方法的陷阱。所以首先我們要認識經濟上所謂「生物的正體」，它具有下列四項特徵：

第一——所有經濟現象隨著時間的推移而持續發生變化。（因此要觀察其動向，就要時常記住時間的變化。）

第二——經濟隨著時間的變化而變化，同時問題也在不斷的變化。（此問題不是講現在有什麼問題，而是講明日即最近的將來，有什麼問題。）

第三——所有的經濟問題時常在變化、滋長。（所以不可以用過去的經驗或理論來看經濟的方向。重要的是以新眼光、新理論來觀察。）

第四——所有的經濟現象都是人的活動。不用說，其發生變化、加速化、還有反動、轉換等變化原因，都是人爲的。（所以人們在想什麼、如何行動、今後動向怎樣？必須時常用心深入觀察。）

在此特別提醒大家的是：「孩子並非一直都是孩子」。應該以此觀點，去看經濟的動向、經營環境的變化，才最重要。一味口說很簡單，但是要認淸現實的問題，要時常正確掌握瞬息萬變的經濟情勢、及經營環境，則是不容易的事。

現在我們最感頭痛的問題，是任何情報都不確實，因此要掌握實況非常困難。

還有，偶發事項的不斷介入，須直接面對與期待相反的事故。

所以，多數的企業家，總是急忙拼命的收集情報，研究如何收集情報，以便加以整理、分析、綜合。可是非神明之軀的人，要明確掌握未來是不太可能的事。

其結果，終於因無力感而想要逃避變化，或過度追逐變化，有時罹患環境不適應症。又會像流行一時的狂熱型企業人，提出「盡人事聽天命」的精神主義模式，當作這些問題已經解決了。

雖然任憑表現方法不同，但是因身心過度遭受刺激，終致疲憊不堪的結果是相同的。此事不管怎樣動用科學的方法加以分析也不變。

依據科學方法做經濟分析或預測，近年顯著的發達。而現在基於計量經濟學的理論，已使用高性能大型的電子計算器來分析。依據這些科學方法做分析或預測，原來是以掌握量的變化爲主要目的，其缺點是對質的變化無法控制。依據哈派特職業學校的黎比特教授的研究：「資料數量及計算式增大則產生反效果，增加分析的困難、降低其可信度。」

那麼應如何呢？

在此先做指示，其答案意外的就在身邊。也就是本章開頭介紹的新型企業人、競技人，只要學習實際的方法就可以。

第二節 目標的選擇力——意志、知覺、認識、綜合能力

一、選擇什麼？而不選什麼？

以平均來看，進入企業界經過六、七年以後，自己以及他人都認爲自己是像樣的企業人或者是優秀的商人的時候，就會感覺到在企業世界生存實在困難。其困難不須再說，當然指對時時刻刻不斷變動的經濟情況、經營環境必須適應。在自己以及他人認定可獨當一面以前，面對任何變化，可等候上司的指示，依照其指示行動就好。但是在企業世界，要累積經驗，成爲一個組織的指導者時就不能如此。必須要求自己掌握變化，並能透視將來，進而行動才行。這何嘗是口頭說的那麼簡單？需要互相任勞，或在心痛之餘，尙須挨過不能入眠的日子。

雖說受此痛苦的，只是組織內的決策者。而時常由上司、以明確方式指示目標的各階層人士則無此痛苦。不過組織雖然小，如果貴爲一國一城之主，也就是站在組織的頂尖人物，統籌組織、推動組織、企業決策者，其痛苦勞心則倍增。爲什麼？企業組織的領導人平時在變化的情勢

中，不能獲得必要的情報下，仍須應付新的變化，應該選擇什麼而不要選什麼的決策必須馬上決定。所以，選擇行爲和第四章的「決定力」，具有密切關係。在此只就選擇的行爲加以探討。約翰遜所說的下列四項可供參考：

⑴不管你是否承諾而必須選擇時。

⑵選擇什麼都不變的時候。

⑶爲適應情況的變化，逐漸擴大時。

⑷依據直觀的判斷，要選擇某種進行途徑時。

其中⑴是非選擇不可，所以在被迫做選擇的決定時，或許其迷惑、痛苦較少。而後三項選擇以後的結果，才是問題所在。很多企業家因選擇錯誤，以致斷絕了其企業的生命。例如，東邦產業的秋保盛一董事長、第二代社長，就是常發生的例子。因對理想的追求操之過急，以致選擇錯誤，招致企業的倒閉。一方面三輪肥皂的三輪義雄社長的情形正相反。身爲第二代社長，過分認爲安如泰山，始終消極經營，應該要選擇時不選擇，以致受時代潮流所淘汰而招致倒閉。一時被稱爲「第二的新力牌」的技研工業也是如此，因創業董事長岩佐信幸的直觀型選擇的錯誤，而被迫倒閉。

由上列事例可證：不管情況如何，於變化中做選擇，下決定是困難的。但是不管如何困難，企業負責人不能逃避選擇的行爲。因此，非新型企業人的我們一般人有其共通的苦惱。那麼如何做才不會選擇錯誤？在「目的選擇力」這一章，我們重新來研究。

二、目的選擇力是什麼

在完全相同的變化中，又是同樣的經營環境，各企業或企業人，所做的掌握方法、應對處理方法，會有相反的情形，那是司空見慣的事。所以許多人都認為那是當然的事而接受。但是對這種習以為常的事，我們如進一步深入研究，就會發現下列幾種有趣的事實。

希望重新加以考慮的是：為何企業或企業人，對相同的變化衝擊及同樣的經濟現象，其掌握方法、應對處理方法會有不同？其關鍵在於：

①對變化的情勢、經濟現象的察覺，認識情形如何？

②從其中可發現什麼？

③對發現事物的意義，如何判斷？

④進一步如何綜合、統一這些認知，而作對自己有用的決策？

等等思考的過程不同所致。當然這種思考的差異，是由於企業或企業人的立場、條件的不同所產生的。此外，由於預測未來的能力、先見力的不同也會發生差異。更有因業界經歷或專業能力差異所致。至於企業頂尖人物的年齡或身體狀況，及當時的心理狀態亦會對現況發生思考過程及判斷的差異。但是還有一項重要的事不可遺漏，就是相同的業種，其規模、實力程度大約相近的企業，處相同變化的波浪中，下同樣的判斷，對未來的看法也相同，但是最後的決策卻完全不同。這樣的模式我們常常看到，這是什麼原因？

在此再進一步深入研究。追根究底在於訂定選擇行爲的最初目標之時，其根本思想、理念不同所致。因此，目的選擇力與單純的先見力不同，相信在此可獲得了解。而目的選擇力是什麼？在此進一步加以探討。

▼目的選擇力：就是在變化的波浪中，能適切選擇「自己應做的行爲」的能力。

——可用下列的公式表示之。

▼目的選擇力＝｛意志力＋知覺力＋認識力＋發現力＋判斷力＋綜合力｝×α（經營理念）

換句話說，目的選擇力是意志力、知覺力、認識力、發現力、判斷力、綜合力等六項精神能力之和乘以經營理念的總和。其中以最深奧的經營理念之作用最大。大凡第一章所介紹的「構想力」和此一目的選擇力，均以經營理念爲根底。而目的選擇力構成要因之六項精神能力（意志力、知覺力、認識力、發現力、判斷力、綜合力）更依經營理念，而發生動向、感度的差異。

所以目的選擇力和單純的先見力全然不同。這一點如果不認識清楚，選擇就會發生錯誤。若能再以前面所談過的新型企業人、競技人爲例，則對現在所說的必更容易瞭解。

三、西武百貨店、堤清二的事例

在激烈化的競爭中，一直樂於企業經營、樂於其工作的新型企業人、競技人，在我們工商界究竟有多少，是我時常關心的事，可惜並無所聞。於是重新在工商界尋找，拜託幾位企業家推薦，結果得到下列企業經營者的名單：

西武百貨店的堤清二社長、丸井的青井忠雄社長、華哥爾的塚本幸一社長、松下電氣的山下俊彥社長、京都陶器的稻盛和夫社長、伊藤瑜珈堂的伊藤雅俊社長。

尚有因特殊經營而聞名的醫院經營者——德州會的德田虎雄理事長等，他們都具十足的經營特色，而且是頗具業績的年輕企業家。

有幾位企業家，是上述以外的超實力派，聞名者如三越的岡田茂社長，還有花王肥皂的丸田芳郎社長、旭化成的宮崎輝社長。也有人把由第一線退休的尾上清理事長及松下電氣的松下幸之助顧問也列入名單之中。在此我們看看許多企業家，經熱烈推薦於日本版競技人的代表——西武百貨店的堤清二社長，就頗有令人感興趣的特色。他十分具備杜佛勒（Alvin Toffler）在其《未來的衝擊》一書內所描寫強烈變化的未來人的條件。

依據杜佛勒所說在變化加速化的超產業革命裏面，有時必須在選擇中創造變化、逃避變化，有時加速變化、有時減少變化，以進行更多的創造戰略。由個人立場來看，須站在一波又一波、不斷湧來的變化波浪前鋒下成長。但多數人過於適應變化，對刺激過度的反應，反而失去對變化的適應力。另方面，也有在變化中操縱變化、創造變化、站在變化波浪的前鋒，不斷成長的人。

這種人共有的顯著特徵是在自己的生活中，保有個人的安定領域。

個人的安定領域——也就是不管在怎樣激烈的變化中，能超越變化的領域。例如與舊友不變的交際、或者如幾十年不變的家庭生活習慣的型態。

那麼西武百貨店、堤淸二的情形又如何？

堤社長是大家所知道的西武關係企業羣的尖端經營者，以統帥立場日理萬機，異常繁忙。總之他以西武百貨店、西友商店、西武都市開發、西武化學工業四社爲軸心，帶動九十五社及二研究所，經營如此龐大的西武關係企業羣（其一年平均總營業額高達一兆五千七百億日元，從業員工數五萬五千人：一九七九年二月期。他位居所有人、統帥、經營者立場，但他的用功程度、工作量，卻比其他員工超過好幾倍。而且在別人的眼光裏，他仍有充分的餘力運轉這個企業。

例如他由山崎朋子的「山達干墓」起，至少年漫畫雜誌止，涉獵頗廣。而書刊、雜誌、各種的新聞，不管何時、何處，他的職員們想看的他早就看過。甚至屬下在三更半夜，送來很多經營的資料，他翌晨到公司前必已看過。每逢休假日，他總穿著工作服乘地下鐵巡視西友商店的各店舖。

另一方面，他是「室生犀星獎」的得獎詩人，在辻井喬繼續活躍。有時也兼東大講師。周圍的人無不驚奇他旺盛的活力及用功程度。而他本人，將董事會比喻爲交響樂團，常說「最近演出的音色較好」。如此充沛的活力，還提供電視節目的企畫方案等，充分發揮他的才智，令人刮目相看。

雖然如此……，堤清二在超繁忙、連喘口氣都沒有時間的情況下，爲什麼還遊刄有餘，有這樣十分寬裕的情形？諒必大家也想知道。所以爲進一步研究堤清二，就列舉下列二項讓大家去揣摩。

四、安定領域加上目的意識就是關鍵所在

察看堤清二的企業家生活面，首先令人留下深刻印象的是，他身兼企業家及詩人兩個角色（面容）。也就是西武關係企業羣的統帥堤清二及辻井喬詩人，兩個角色時常重疊在一起。迄今一般對堤清二的形象，就是以具有這二個角色特質的企業家爲觀點來敍述描寫他。

但是就當事人的堤清二來說，「特異」的企業家一詞，他本人不一定能接受。因爲企業家堤清二和辻井喬詩人雖是同一人，但各有其活躍的界限（範圍），各有其追求的目標，以企業家堤清二立場行動時，就忘記辻井喬詩人的角色。另一立場亦然。

所以此處重點是以企業家堤清二的角色來探討。企業家堤清二，在任何變化的波浪中，都不失其從容，而且能站在變化波浪的前鋒，創造變化。我想下列二項是其關鍵：

第一、無論他在如何激烈、繁忙的日子中，都如杜佛勒所說的確保著其安定領域。這可從辻井喬詩人的生活狀況看出他在努力確保這個安定領域。原來他自年輕時代開始，不管工作進度如

何，都開放他的西武百貨店社長室，供詩人伙伴無拘無束自由出入。直到去年爲止，仍可看出此情形。還有，在其緊湊的日程中，他以一個辻井喬詩人，多次站在大學的講壇也可體會出來。不管怎樣，以工商界一般的常識來看，在超繁忙的日程中，爲什麼不放棄辻井喬詩人的活躍生活？這不可思議的事，正如俗語所說他是穿二雙草鞋（一人跨二匹馬）過活的，這正是企業家堤清二在激烈變化的波浪中，不失從容自得的理由。

第二的理由是在於企業家堤清二有強烈的目的意識及其爲達成目的產生的堅定意志力。堤清二從其父親康次郎手中接棒，就任西武百貨店社長，是在一九六一年，時值三十三歲。這時許多工商界人士擔心他的經營手腕。因爲其父康次郎是過於強烈的、超強烈性格的企業家（故五島慶大郎東急的創業者和故堤康次郎，有所謂「強盜慶大」和「短鎗的康」的突出情形，尚在人們記憶中）。而堤清二則太年輕，且爲詩人，都是原因。當然他很瞭解工商界一般人對他的這種看法。不過社會對他的評論卻促使堤清二發憤圖強，增強了他的意志力。

以康次郎的繼承者立場，使西武百貨店更加發展、成長，那就是堤清二的目標、課題，他強烈的目的意識，使他在任何變化中都不忽略其選擇力。這項秘密在以後的西武關係企業羣的發展中顯示出來。

流通業界的企業戰爭比其他業界激烈，變化的衝擊壓力也較其他業界強烈。他在這種環境，能夠保持辻井喬詩人世界的安定領域，如此再配合強烈的目的意識、意志力，使他在任何變化中也不失從容泰然，反而促成了樂於創造變化的未來型企業家——堤清二之誕生。在此重新察看現實的企業社會，又是如何？除了未來型企業家之外，在變化的波浪中失去自己、失去選擇能力的企業人還是可以看到。容後再進一步來研究。

第三節　目的選擇力及戰略的決定

一、與人為什麼選擇錯誤

前年，田中內閣打出「日本列島改造計畫」時，你們也知道，全國各地發生土地高漲（好景氣），使得一億日元不動產房屋的狂熱氣氛促進土地的好景氣。有名的大企業家爭先恐後競相購買土地，中小企業、個人資產家也買。最後稍一有錢則對利益敏感而走上非土地投資的土地投機。由任何角度來看都賣不出去的深山土地也成爲土地投機的對象。其結果如何？大家早就知道，如卡斯達尼（Andoree Kostaney）所指示：「所有的好景氣都以恐慌終止。」現在如此，古代也是同樣不變的現象，照經濟原理結束。

走上土地投機的企業毫無例外的，一律是經營不振或者經營破綻表面化，致不少的大企業倒閉。

而與人就是其例。與人於數年前即熱中於多角化經營，一時稱爲脫本業時代的冠軍企業。其多角化應該止於與本業有關的行業，但是它漫無計畫的走上土地投機，甚至擴大至休閒娛樂事業，結果招致倒閉。

在此特別提出興人的倒閉，並非爲了要指責其經營散漫。關於興人的倒閉劇，要再推敲的是：爲什麼興人以經營多角化的名義而走上土地投機一事？當然可美其名說是邁向企業成長、發展的戰略。西山雄一社長（當時）認爲，進出不動產界，做爲企業成長是最近的路，沒有想到會招致公司的倒閉。而走上土地投機的其他尖端企業亦發生同樣情形。

那麼爲什麼本身及他人都認爲是一流經營者，其經營手腕一時受高評價的尖端企業，會走上異常無法形容的土地投機？其答案，當然是受物價上漲的心理所致。

依據自治醫科大學的宮本忠雄教授的研究，通貨膨脹使人人的精神不安而泯滅理性。宮本教授稱之爲「自我的漲價」，也就是漲價會使人人興奮，終於對漲價無所批判，在此興奮狀態，已察覺不出投機的危險。終於產生一億總投機家現象，甚至認爲不投機者就不是人，而是時代的落伍者。這股投機熱昇高到最後就碰到天花板而逆轉，轉換爲賣者呼賣、拋售的恐慌場面。

這是經濟常識，凡是企業家都應該瞭解的事。但不只興人，當時走上土地投機的人們，幾乎都忘記基本的經濟原則、經濟構造。換言之，身受通貨膨脹過度的刺激，而陷入「自我漲價」的狀態，而變成一種狂熱的心理狀態，自己在變化的波浪中失去選擇力、失去選擇判斷的尺度。結果喪失目的選擇力。但是除了前例的未來型企業家堤清二之外，以適合自己應對處理方法而適應變化、超越變化的企業家爲數亦多。下列將介紹的就是與與人相反的例子。

二、為眼前的利益而發生選擇錯誤

在東京銀座，有叫做「月光莊」的畫材商。員工八十人，年營業額二十五億日元的規模，可說是業界的大戶。這個月光莊的主人橋本兵藏老（八十四歲）以前曾在報紙（一九七九年四月七日朝日新聞）介紹商業方法，諒必有不少人讀過。這個月光莊主人的商業方法「走我的路」是目的選擇力的磨練方法的一例。

茲介紹其頑固的「走我的路」經商之道。

廣告、宣傳一切不用；自家製品以外不賣；不大量生產、定價不打折、賺錢多了也不設分店；不使用包裝紙。以上所說的是從一九一七年創業以來，一直遵守的月光莊商法。

驚奇於其「全部以無無」爲特色的商法的人甚多。其中關於包裝紙一項，多少修正創業以來的方針，從一九七八年末起，使用附有商標而非通用的包裝紙。

這種包裝紙全都是出售的「可讀的包裝紙」，上面印著月光莊主人的隨筆文和畫家的交遊錄。也可說是月光莊主人個人的通信紙。結果獲得顧客喜愛，每當新印的包裝紙推出，就有不少人特地來買包裝紙。在這社會中有各種不同興趣的人，但在此要特別強調的是：這個「全部無、無」是月光莊商法的經營哲學。據前述的資料，月光莊的主人曾說：「生意的要領是向新宿、中村屋的相馬愛藏先生請教的。商人終其一生，每日都是『服務日』。要作便宜且好的東西。已定價就不可以打折。一塊錢的餅若打折（一分錢），其麵包要如何做？對有錢人打折，對窮人不打折是不公平的。不公平則不可以做。請教他以後，就遵守這原則經商。」

也就是每天是服務日，做便宜而好的東西出售，所以嚴守經商原則，不做提昇成本的廣告或宣傳。無疑的，這是明治時代的商法。以企業成長發展為第一的現在企業人，會覺得這是古老的方法。但是在此不可忽略的是：

「如果物美價廉，再加上宣傳，可賣給更多的人……」對這樣的問題，月光莊主人回答如下：「批發店不會照你所想賣給你。營業並非大規模就偉大。賣得少但做得確實，在能負責的範圍內做出成品出售，才是適當的作法。眼光看不到的生意不要做。雖然少，若能負責，就能做快樂的買賣。」

上述你以為如何？乍看之下會認為是當然的事，其實它正是一句不同凡響的經營哲學名語錄。在此鄭重聲明，這個月光莊主人的生意做得十分輕鬆愉快，享受做生意的樂趣，這是值得重視的重點。順便補充說明，月光莊的主人並無奇人或大爺式的架子。但對其超脫世俗的樸素私生活，投以好奇心的人倒不少。關於此點，他以輕淡的口氣回答如下：

「是、是、是安貧樂道的極致。但照賀川豐彥（宗教活動家）吩咐，如果獲得利益，要分給人家。我並未忘記所教的事。雖然如此仍被稱為『吝嗇善』的安田善二郎先生，死後可不是要捐贈東大禮堂或其他的東西而獻出財產嗎？」

「那麼大爺是……（要捐獻財產嗎）？」對上列的話再次問他，回答如下：「不，不說、不說，只是對給予我這個無學問的鄉下人、幸福的繪畫家一個報恩機會，因此只有工作到死爲止，更要不斷貯蓄，如休息一日就會有老化一日的損失……。」

在此爲什麼對月光莊主人做生意情形及其經營哲學做長篇的介紹，諒必已充分了解。這個明治模式的競技人（以做生意爲快樂的人，是他們的共通點），對自己的經營哲學、人生的目的，有了堅定的信念，所以在變化波浪中，貫徹其前進的路（商法），又不會選擇錯誤。這句是本節的重點。換言之，這是明治模式的競技人及其目的選擇力的典型例子。下面再舉一例。

三、住友銀行、堀田庄三的目的選擇力

提及住友銀行的堀田庄三顧問（名譽會長），戰後崛起的最大銀行家。關於他，現在還有很多傳說及神話。從前訪問堀田顧問時，尚在閃爍的這個大人物銀行家，回憶其將近二十五年的頂尖角色的生活時說：「我就任總經理時的構想將能實現了。」

在此又回想堀田顧問將近二十五年的頂尖生活，首先要提的是他將住友銀行經營成今日大銀行的功績，其經營手腕繼續在發揚光大。

堀田庄三就任住友銀行總經理，是在一九五二年十一月末。這時住友銀行尚不能稱爲優秀

銀行，預備金及收益不及其他都銀。這當然是由住友羣的機關銀行來觀察，因爲住友羣比三菱羣、三井羣的規模、綜合力都較劣勢。因此，對住友羣依靠程度大的住友銀行，面臨成長的限制。

這個住友銀行因堀田總經理的誕生，究竟產生什麼變化？他發起值得重視的行動，大約分爲下列三點：第一、堀田總經理就任當時是一九五二年十二月一日，住友銀行時稱大阪銀行，當天恢復稱謂叫住友銀行。這個行名恢復的日子，堀田總經理明示自己的經營方針，使堀田時代的開幕，令人留下深刻的印象。茲介紹如下：

⑴發展的基礎在於信用，信用的基礎在於堅固踏實的經營。所以要銘記：發展的訣竅在於堅固踏實經營，時常盡最好的努力於經營的健全化。

⑵堅實的經營出於公正妥當的營運。故處理業務時，當然要掌握人情的契機，不要受親友情感所左右，不被因緣所困惑。要秉持理性，同時各人要努力陶冶品性，以清高的操守、作法，建立品格高尚的行風。

⑶要點是凡事議論不如實踐。所以上述的要旨在以正規、眞摯的態度及進取的氣魄貫徹商道，各位要自覺以上是繁榮的捷徑。

可以看出正值意氣旺盛的住友銀行，在社會普遍投以疑問眼光時，他們高舉其所揭示的成長路線，更加上「要點是凡事議論不如實踐」，以此提醒激勵所致。由此可以看出後來被稱爲「堀田主義」之原因。

此時，建築在堀田總經理腦中的構想是什麼？即是現在的住友銀行所如實標榜的。茲詳加補充之，堀田構想的內容，從經營方針所提示，及下列堀田總經理的言行中，即可看出其姿態。

堀田總經理，更發起第二、第三的行動。

第二行動是，因爲戰敗而動搖的住友關係企業的再建，以積極支援的形態出現。第三行動是展開所謂大膽的外圍擴大戰略。其中令人特別注目的是，因爲外圍擴大戰略的積極展開，將住友羣以外的優良大企業，化爲住友銀行的外圍企業羣，使戰略獲得成功。

松下電氣、石橋機車、武田藥品、大正製藥、出光興產、鹿島建設、東洋工業、小松製作所、三洋電機、伊藤忠商事等，都是當時似狼受注目的企業，且是眾所周知具有強烈特色的頂尖企業。因此，最初時期爲外圍羣化而辛勞的住友銀行，由於堀田總經理親自出動，發揚預定的成果，使被稱已至成長極限的住友銀行突破界限而飛躍的成長、發展。

堀田庄三總經理的信念獲得證明，是因其目的選擇力的發揮使然。

再於此補充說明的是：對堀田路線的批評並不是沒有，可以說敵對者時常批評堀田路線，有時很露骨的挖苦他。

貫徹健全經營銀行主義的住友商法，受強烈、冷酷、惡霸等的挖苦、攻擊，因此住友銀行在金融界受孤立。但是當事人的堀田總經理處之泰然，結果使住友銀行成爲日本銀行界收益第一的銀行。

四、謀取明日的正常營運

看所有企業的經營過程，都是由長期戰略方面，才能看出其目的選擇力。至於現實的短期戰略、目的選擇力的有無，更是重要的問題。長期戰略經常依照經營理念的構想、選擇下去就可以，且不必一一擔心眼前的經濟變動。但是在策畫短期戰略的時候，卻在一波波衝擊下的變化波浪中，時常對戰略做應變的緊急措施，且非實行下去不可。當然這個時候也是依照企業百年大計的構想和其長期戰略（卽長期經營計畫），而逐項決定下去。所以，基本上不可以過於遷就眼前的變化。另一方面，對不斷發生變化的工商情勢和經營環境的變化，必須緊跟著立卽處理下去。在此觀察現實的企業社會，因處理眼前策略而推出的戰略失敗，也就是選擇錯誤，致成長競爭失敗的企業經常可見。

在此，將其原因大約分爲二項。一項如輿人，缺乏經營理念及構想，走向眼前的利益而失敗的路線。在此立場討論以外，沒有其他、沒有同情的必要。另一項是不迷惑於眼前的利益，愼重透視將來，打算選擇無錯誤，但結果觀察不實、判斷錯誤，以致選擇錯誤的事例也多。這種情形，多數的企業人，後悔自己看法的太天眞，或者認爲是不可抗力而灰心。

但在此奉勸大家不必灰心，因爲已找到可避免選擇錯誤的好對策。

的確，變化激烈迅速的現代，未曾經驗的事相繼發生。爲要爭取掌握變化實在困難。在此不可忘記的是我們眼前發生的事。在眼前的事實，容易閃耀奪目、令人迷惑，乍見之下會令人覺得那是各不相干、不同性質的事。其實這些不同的事實或經濟現象，都是在同一經濟洪流所發生的。

所有的經濟變化都要在應有的所在安定下來。這個單純的事實卻容易被忽略，其結果容易忘記以所謂均衡感覺來掌握大局，這是彼此思考方法的弱點所在。在此提出一項應留意的事：不是說現在以什麼爲正確的觀點，而是說明日也就是將來以什麼爲正確的觀點，重新來分析清楚眼前發生的現象及變化。

換言之，「透視將來的福祉，基於此觀點應選擇什麼」，如此方能超越人類預測未來的限制（理論思考的限制）。

第四章　決定力——危險中的意思決定

第一節　掌握決定的機構

一、舊士官症候羣患者的增加

現代的企業社會好比大家所說的：如在未知的海中，企業人常處在和危險爲鄰的狀態中。在那兒任何情報都不確實，偶然不斷介入的事，使人們時常遭遇到和所期待相左的事故。一面慨嘆照明不足情況下，感覺像在未知的黑暗中摸索前進。具有這種不安全感的人不斷在增加。最近企業人中缺乏決定力，對小事也躊躇不決，將做決定逐日延後，讓周圍的人們感到急躁。這樣的人不斷在增加。

不僅如此，病狀更在惡化中。誠如心理學所謂的「舊士官症候羣」，於管理階層也在增加而引人注目，任何企業機關的人事負責人都爲謀這對策而傷腦筋。

舊士官症候羣就是往昔在軍隊的一種精神病。於下士、中士時期的勇猛知名人物，其功績受肯定，擢昇將校後，就喪失判斷力、決定力、行動力。這是由於自認不可以失敗，過份的擔心，所以終於萎縮，是其主要原因。另一方面和中士時期有不同領域的想法、看法，而缺乏這些能力所致。但要注意的是：因不瞭解選擇、決定的本質，而發生恐怖，終於萎縮。再看看企業社會，最近任何企業的「舊中士症候羣患者」都不斷在增加，人們都認爲是與上列同樣的原因。

原來日本人具有如會田雄次——京都大學名譽教授，在其著作《決斷的條件》（新潮選書）之內所說：「大多數人不具備果斷或選擇的能力，是『優柔寡斷』的國民。」當然這個優柔寡斷是指一般日本人，並非每位日本人都缺乏果斷力、選擇力的意思。

或有人謂事實正相反。紀雷恩（Robel Gelane，近代的社會學家），在其著作《第三的大國日本》（井上勇譯，朝日新聞社刊）之內曾說：「沒有像日本企業經營者那樣大膽行動的企業家。」這不需看企業史，只要是企業家都知道。但是除了優秀的企業經營者外，一般企業人誠如會田教授所指出的企業界，「舊士官症候羣患者」在增加，所以我們可以相信會田教授所說的是正確的。

另方面再看看現實的企業社會究竟如何？諒必大家已經知道，時代的演進愈來愈需要選擇力和決定力。這一點在序言已陳述過，「經營力」一項，是所有企業人不能不具備的。

那麼應該怎麼做？容於本章舉幾個實例來探討。

二、由安宅合併劇看意思決定的基礎

一九七七年十月一日——伊藤忠商事吸收安宅產業，以「新生・伊藤忠」做出發。這個伊藤忠安宅的合併劇，其意思決定是什麼？爲了要瞭解這件事情，發生不少耐人尋味的事件。很多選擇和決定，逐項累積起來的合併劇，充滿了戲劇性。在此特別要注意的是下列之點。

安宅主力銀行的住友銀行和伊藤忠之間，在舉行將近一年半的長期交涉中，做好多項重大選擇和決定，有如上階梯式，分爲好幾次舉行。當然多數是在合併劇的舞臺裏秘密地舉行，所以表面上未被看出來。作者當時爲取材，以所做的備忘錄做基礎，依序探討其經過和選擇、決定的內容。

安宅產業突然將其經營危機表面化，是一九七五年十月末的事。大家知道美國安宅的石油輸入計畫失敗，發生高額不良債權，這是直接的原因。對安宅危機大感驚慌的是安宅主力銀行的住友銀行。緊急研究救濟對策後，判斷合併以外並無救濟策略，而勸導伊藤忠合併。伊藤忠當初因恐懼安宅的經營內容，而不贊成合併。

另一方面，住友銀行不管伊藤忠的意向如何，總希望伊藤忠爲救濟的合併非實現不可。因爲合併工作失敗，安宅倒閉的話，問題不只影響安宅，且使日本經濟發生根本的動搖，說不定會引起信用的恐慌。

再說，經營危機表面化的時候，安宅的債務是一兆日元。其中銀行融資五千億日元，一般債務五千億日元。一般債務不只在國內，且波及多數海外企業。所以如果發生安宅倒閉，不只會在國內發生信用的恐慌，且預測可能使日本經濟的國際信用喪失。所以住友銀行再次懇求伊藤忠再考慮，而且住友銀行的堀田左三會長（現任顧問、名譽會長）對伊藤忠的越後正一會長（現任顧問）直接強烈的要求。破例的強硬談判，結果伊藤忠答應了。

這時，兩社共同認定的是「為了防止信用恐慌的發生，避免日本經濟的國際信用喪失，不使安宅倒閉」。也就是防止安宅倒閉→信用恐慌、國際信用的喪失等「最壞事態」的發生。這種選擇的出發點是適合危機管理秘訣的選擇。

三、最壞的假定、講求生存的方案

因此，由防衞廳教育參事官佐佐淳行的名著《危機管理的秘訣》（PHP研究所刊）中提出對危機管理者要求的五要點，其內容令人深感興趣。茲列舉如下：

(1)絕不夢想最好——時常覺悟只要能保住次好（尚佳）就可。

(2)臨事要以最壞著想——事先要決定，發生最壞事態的對策。遇到「大失敗」時的自處，為了「殘存」，研擬對策。

(3)周密計算損失的負擔——對可能發生的惡劣事態或更加惡化事態要預先準備，並準備應用問題的答案，假使發生任何事故，也要洞察危險妥做處理。

(4)對計畫的擬定和實施——「先做壞的打算而以樂觀態度來執行」為宗旨。

⑸發生損失時，立卽設法限制受害措置。

伊藤忠、安宅的合併交涉就照這個危險管理秘訣進行。最先如前面所說，爲防止安宅倒閉↓發生信用恐慌、國際信用喪失的「最壞事態」等做爲選擇的第一目標。當然首先選擇這個要點的是住友銀行，要做選擇決定的時候，住友銀行的負責人是相當費心思的。

安宅危機表面化的時候，住友銀行的融資債權額（對安宅的融資額）是六百五十億，全部是設定擔保的債權。所以假使安宅倒閉，住友銀行的損失不大，但現實是不可選擇放棄安宅的。重覆再說，安宅如倒閉，就會發生信用恐慌、喪失國際信用，預測可能發生這樣的最壞事態。

一方面，伊藤忠這邊又如何？伊藤忠和住友銀行有長年的交易關係，且蒙受住友銀行的恩義（世界大戰以後，遇到好幾次的危機，每次都是因爲住友銀行的幫助融資而打開困局）所以才同意協助住友銀行。可是當初不知道安宅的經營實況，所以愼重考慮再三，經過一年半一直都不說合併救濟，只講爲防止安宅的倒閉而協助的立場堅守不變。另一方面，準備可能發生的最壞情況，做各種的預防措施。伊藤忠想要救濟安宅，但對住友銀行的請求合併是很愼重的。假使輕易合併的話，伊藤忠說不定會變成「第二個安宅」。所以繼續摸索救濟安宅的途徑。

當然伊藤忠的態度是對住友銀行不滿，同时伊藤忠的立場也容易令人瞭解的。所以，住友銀行的伊部恭之助總經理（現任會長），對伊藤忠的戶崎誠喜社長承諾：「不做妨害伊藤忠的合併。不能讓伊藤忠有流血的事。」但是伊藤忠社內部和擔心伊藤忠前途的關係企業們卻持不同反應，認爲「那種口頭約定不太可信。假使最後被逃避了，又怎麼辦？」這樣的聲音到處可聽見。

如上所述，合併交涉就遇到難產。自交涉開始經過將近一年，到一九七六年時，其方向還未明朗，一直在懵然狀態。

四、不夢想最好、只選擇尚佳

這時，合併問題遲遲不能進展，而擋不住有關人士的憤怒，指責戶崎社長「優柔寡斷」的聲浪昇高了。不必拖延結論，如不能合併就不合併，應該要表明態度。但戶崎社長本人，雖然知道批評的聲音，還是不表明態度，連他兩旁的人員也不明白他的意思。

後來筆者由戶崎社長直接聽到的是在一九七六年十月末的事，戶崎社長內心暗自決定要和安宅合併。但是要公開表明以前，還有不能不考慮的問題。

第一個問題是安宅的經營實況遠較當初預想的還差，將近「死亡」的狀態。以後戶崎社長曾對我說：「曾經想要廢棄合併的約定。」因爲和安宅危機表面化的一九七五年末時情形不同。日本經濟走向減速，經濟低成長的逐步到來，所以如果摒棄合併約定，也不必擔心被捲入日本經濟全面的信用恐慌。因爲那時不管伊藤忠肯不肯，都已經當然的對問題相當深入了。

伊藤忠在一九七六年十月初，爲了決定是否合併，已經要求安宅提供經營有關資料，並淸楚掌握了安宅交易的全部內容。最後才知道安宅的經營實況已將近「無法挽救」。已經知道安宅的全部情況以後，要廢棄合併契約，在道義上是說不過去的。所以戶崎社長以次好的策略，不採取合併的方式來解決問題——最後考慮以營業權頂讓的方法處理。但這在現實的選擇上又有幾項問題。

第一問題，不合併而選擇營業權頂讓的方法，伊藤忠就一身承受社會的批評，招來不良企業形象。第二問題更大。如果以合併的方式解決問題，可能接納相當多的安宅社員。但只是營業權利頂讓，就不可能接納多數的安宅社員。這是個人問題。

如上所述，伊藤忠的戶崎社長在一九七六年孟秋，就知道安宅的經營實況，在將近解體狀況下決定合併。

這要說是最佳的選擇是太離譜。因此以戶崎社長的立場來說，是最不容易的決定。但是他在別人的眼光裏至少是以充分寬裕的情形，選擇了這條困難的路。最後一個問題，是既然要選擇合併，就要考慮如何讓伊藤本身不變成「安宅第二」爲條件而合併。因此戶崎社長要求住友銀行加倍協力爲交涉條件進行合併。

五、先做壞的打算，而以樂觀態度來執行

一方面，住友銀行也因應其請求。先要介紹的是住友銀行爲了要實現合併，甘願選擇損失一千億日元的方法，這對住友銀行來說，當然需要很大的果斷。當時合併的交涉責任者，磯田一郎

副總經理想了又想之後才做決斷的。日後磯田對我說，好像在下列情況下做了決定。

一九七六年秋，合併交涉進行到最困難且最重要的關頭。這時的伊藤忠，是否眞要實施合併，態度不明。而且知道戶崎社長人格的磯田，察知若伊藤忠不會變成以「安宅第二」爲合併條件，就能同意合併的心情。因此磯田反覆自問自答。

在這個時機，如果安宅倒閉，也不必擔心發生信用恐慌，且那樣住友銀行也不必蒙受損失。但在這個時機，假使安宅倒閉，恐怕住友銀行的信用會喪失，又不能不考慮與其交易企業的影響。例如由住友銀行全面支援的東洋工業也有因此斷絕關係的可能。同時也要考慮是否會讓社會發生這些疑惑。終於磯田爲了安宅的生存別無選擇餘地，提出安宅負擔不良債務一千億日元的方針，「住友銀行到現在，辛勤營業儲蓄累積下來的也是準備遇到這種情況時的運用。」以此論調，說服堀田會長（當時）和伊部總經理（當時）於不必麻煩股東出錢的條件下，獲得其承諾。這又以當時最壞的事態做考慮而選擇次好之策，在此值得重視的是以後的事。伊藤忠的戶崎社長和住友銀行的磯田副總經理都是同意合併條件，這次完全改變態度，以樂觀的態勢來處理事項。

合併是一九七七年十月一日實現的。那時社會上聽到各種批評。首先對伊藤忠批評爲以伊藤忠的腳步做合併，得取安宅的好處。但事實不然，因爲伊藤忠繼續研究玉石混交政策（好壞同時混合進行），而且安宅社員一千餘人收益的降低當然免不了。長期性不談，短期間合併安宅變成是相當重的負擔。但是戶崎社長自己挑起責任，以短期內合併迅速提高效果的論法，強行排除社內的愼重派。事實上，以後的實績證明他做法的適當。

另外住友銀行方面究竟如何?損失一千億日元外，喪失日本第一的金字塔收益。雖然收益惡化，但是相反的提高了銀行的信用，且更昇高行員的士氣，不久收益力又恢復上昇。無論如何，選擇救助安宅困難的方法，對其關係者而言，可以說是令人滿意的結果。總之，伊藤忠、住友銀行都是依照共同同意的方法選擇及決定，這一點實在耐人尋味。

六、決定的規則

美國企業經營界代表巴納德（原美國電信電話會社社長），於一九三八年發行一本稱爲古典中的古典經營書《經營者的角色》（山本安次郎等翻譯，鑽石社刊）。他在書中提出企業人意思決定的四項規則。

⑴現在不適合的問題不做決定。

⑵時機未成熟的事不做決定。

⑶不能實行的事不做決定。

⑷他人應做的事不做決定。

在此重新回頭看看安宅合併劇的情形究竟如何？明顯的可以看出依照巴納德所說的決定規則，其時機未成熟以前，不表明合併的意向。現實可著手合併時才決定合併，是伊藤忠、戶崎的手腕，其耐性獲得高評價。在此還有一項不能忽視的：

即是伊藤忠的戶崎社長和住友銀行的磯田副總經理二人，將近一年半的長期交涉的過程，至少由外人看來是十分寬裕的姿態，看不出在競爭。可說他們兩人都是合理派的尖端人物。另方面他們都持有明確的目的意識，且各人都具有企業百年的構想，所以才能做到。

通常講決斷或決定，總是有所謂「由清水的舞臺跳下」的感覺，也就是說以勇猛果敢的決心，向危險挑戰的經營心態。但在現實的企業社會，任何決心、任何決定，都是以最壞的假設，計算所有可能的危險以後才著手。所以並非「由清水的舞臺跳下」的情況，而且大部份情形無此必要。由現實看都是可以在徹底舒爽且有寬裕情形下做決定，並非基於「由清水的舞臺跳下」的心情做決定，而是透視明日的正確發展，想了再想，考慮徹底後慢慢產生的結論。如此清楚洞明全盤，應可逃避陷入舊中士症候羣的陷阱。

誠如克勞塞維茲（Krauze Vitue）在其古典的名著《戰爭論》（淡德三郎譯，德間書店刊中所講「決斷力」（非充足的知識，於情報中要行動時，須排除疑惑、苦惱；於危險時克服躊躇的能力），在某些立場是非常必要。但是在現實的企業社會，最重要的不是這種決斷力，而是時常善於評估危險損失後，能清爽而充裕的「做決定」的能力。

伊藤忠和安宅合併劇是照事實呈現在各位面前，所以第四章的標題，不寫「決斷力」而定爲「決定力」其道理在此。

第二節 戰略決定的實際

一、衆議獨裁或集體決定

企業戰爭進一步激烈化後，拉開八〇年代工商業的序幕，是由保守的經營戰略，轉換爲進攻性的經營戰略形態，頗引人注目。

例如日清紡織就是。這個公司是衆所皆知，自創業以來徹底施行吝嗇經營。被稱吝嗇的程度，堅守內部保留第一主義的經營姿勢到現在。但是自日清紡織轉換爲攻勢的經營，原來保守的廠風，衆所周知的各公司也相繼轉變爲攻勢經營，這情勢成爲現在企業界的話題。

雖說是攻勢的經營，「在八〇年代並非單純進攻，重要的是一面攻一面堅守，一面堅守另一面攻。」（日立製作所，吉山博吉社長）因此，較高成長時代，有不同的困難。於是各企業都想盡各種的戰略決定，在此重新觀察工商界，最近頗引人注目的是採取「集團領導方式」的企業。

例如味素，味素每週星期五召開經營會議來決定經營戰略，其會議的決定以全會一致爲原則。審議當然需要時間，味素的立場，認爲徹底盡情的討論，就能達到確實的結論，這是他們的根本想法。

當然，同樣的戰略決定方式在其他的企業也相當多。和味素同樣以全體一致爲原則的企業有日立製作所。日立的立場，關於重大事項，有時經過連續兩個多月的審議亦不算稀奇。這種日立和味素的方式，稱爲「自然體經營」（徹底盡情的討論後，自然產生出來的結論，所做的意思決定）的企業人頗多。雖然不像這二公司那麼徹底，但採取集團決定方式的企業，爲數亦多。

但是，這種集團決定方法也有缺點。因爲審議需要時間，因此決定往往失去時效。所以許多企業，爲了要改進這種集體決定方式的缺點——過於集思眾議，致使決定遲延的缺點，於討論、審議階段後，由董事長做決定，也就是所謂的「眾議獨裁」的方式。

例如：伊藤忠商事、野村證券、住友銀行、石川島播磨重工業、鐘淵化學工業等，就是其代表。這些公司由董事長負最後的責任，也就是採取眾議獨裁方式的經營，宜採全體一致的集體決定，或者眾議獨裁，意見頗分歧，無法輕易做出問題的結論。但是再回顧工商界，打聽企業人的心聲，「以希望全體一致的集體決定較符合理想。但還是『眾議獨裁』較能適合現實。不過企業頂尖人物做戰略決定的時代略已過時，故以部、課等基礎組織做共同決定更加實際。」這種見解、想法較爲一致。

下面提出一家實施眾議獨裁方式而具有實績的公司來研討。

二、野村證券方式的特色

野村證券是衆所週知以積極果敢戰略聞名的公司之一。這個野村證券，於第一章已略加介紹，歷屆的董事長都能負起重大使命。換言之，新董事長就任時，必須進行前任未著手的新工作，甚至於前任未曾考慮過的工作。當然這不是容易的事。因爲新上任的董事長，往往在前任或由前幾任至前任的期間，位在董事長之下，絞盡腦汁規畫、定案，或在營業方面打出新的成長戰略繼續發展下來，由於其經營要領受到肯定而被推薦爲下期董事長。所以野村證券的歷任新社長都會感到頭痛。因爲新董事長所追求新工作的種子，在原來既有路線的延長線上，不但不可能發現，而且新董事長自己亦未曾想到。因爲是「由無創造出有」，所以必須是年輕有創見的董事長才能達成。

從前野村證券的北裏會長曾對我強調的也是這一點。北裏會長說：

「前任董事長沒有想到的新工作，把它尋找出來，需要三年至五年。花費數年想出來，然後打算十年完成，而植下先行投資種子。要看出先行投資的成果，還需要數年，所以只有年輕的董事長方能做到。又著手新工作以後，還有責任觀察其演變。」

如上所述，野村證券繼續起用年輕的董事長，實際上因而產生了野村證券衆議獨裁的方式。北裏會長又說：

「當然，以先行投資的形態，種植新工作的種子是不容易的。在先行投資將開始時，公司內有幾個人能瞭解。當然，認眞播種的董事長一定瞭解，將來也能看到。但是其他的職員就不同。十人當中或者有一、二位是同步調者。其他人認爲假使失敗也無多大損失，所以由收益的觀點看，既非大投資因而贊成的也有。由於反對、贊成的情況互見，結果，想要做時，中途一定會發生預想不到的事。若在此時放鬆就不能進行下去，必須要突破困難。這時下決定的當然是負播種責任的董事長。這種情形在合議制下是不可能的，因爲能讓大家贊成的無一好事。所以，合議制或集團領導制都不理想。而廣收眾議雖好，但是由董事長負責下決定以外，沒有其他更好方法。」

這就是北裏會長強調的重點。

「經營的中心還是董事長，田淵君（現任野村證券董事長，一九七八年十月十二日五十四歲就任董事長）說：『非像鑽石般的中心不可。』所說的，正是這個意思。」

在此我們再揣摩一下北裏會長的話。特別要重視「決定並非目標」的指示，而決定者，非負起下決定的責任不可。

松下幸之助顧問也同樣強調這一點。

三、「條件適應案」應做準備

請看松下幸之助的著作之一——《決斷的經營》（PHP研究所刊）

松下幸之助認爲要下決定時，應拋開私心，不受常識左右，只要有形成發展的思潮。之後又說：「關於做決定，有一項不能不再思考探討的是——決定非最後的目標，寧可認爲是事情的開始。」也就是說做了正確的決定，並非事情就結束，而是才開始，所以決定以後，所做的事才最重要。比如我在一九二〇年十七歲時決定辭職，改換與電氣相關的工作，發覺決定了以後才是重要關頭。又當年發表改行做收音機時，是一下子馬上決定的；但要實踐此一決定，就花費很多時間。由此可以瞭解決斷雖然重要，但是決定了之後，如何耐心實踐完成所下的決定更重要。

問題複雜的時候，當推行了一項決定，下面的決定又接踵而來，以後又繼續有事須再做決定。如此決定產生決定的情況也有。所以並非決定了萬事就那麼簡單地結束了。

你想：下決定必是一樁嚴謹的工作，但也饒富情趣。

當然事先要將那件事存入腦中，再做選擇、決定。如要求取其他資料，可以蘭德波爾克爲例（美國某銀行的會長）。在前面提到《日美經營者的發想》中，如此陳述：

「優良的經營者，對目標經常具有優秀的感覺。對達成目標所需要的手段或規則，保有彈性。這有二項：其一，遇到公司的意思決定，做企業家的態度，要有取出火中栗子的覺悟。其二，失去現實時（失去機會），要不斷準備替代第一案的條件適應案。計畫是否具有彈性，且實際上有否另外準備條件適應案，即是問題所在。如果缺乏這種準備，就會僵化。」

在此所謂條件適應案，就是下決定後交付實行時，若條件發生變化，能否有應對的方案？無論如何，欠缺這個條件適應案，這計畫就會僵化。以筆者的觀點來說明即是：事先不準備條件適應案，即使小事，在下決定時也感覺到好像「由清水的舞臺跳下」一樣，不可能有充裕輕鬆的精神做決定。但是一般的觀念究竟如何？大概是國民性使我們在無意中決定去實行不可能做的事，這豈不是以日本人精神主義下決定的做法嗎？

四、為什麼東洋電纜倒閉

茲舉一依據精神主義而失敗的例子。一九七六年十一月倒閉的東洋電纜就是。

東洋電纜資本額二十四億日元，從業人員一千三百五十四名，一年間銷售額高達二百六十億日元的砲金（青銅）。

它是眾所週知以通用電纜的尖端製造聞名於世，顧客則以三井物產爲首的大商社，銀行方面的信用亦良好。這個尖端的製造者，肩挑八百八十二億日元的債務，被迫申請適用公司更生法。其最大原因是，創業者北澤國男會長過分的獨裁專制。但是，在此更應特別注意的是：業界的競爭加倍激烈以後北澤會長的戰略決定方式。

北澤會長於一九七二年以後，因業界的競爭激烈，市場佔有率降低，於是決心積極投資設備，而忽略資金的運轉，推出強行一邊倒的戰略。實際上認爲事情簡單而無準備條件適應案。不僅如此，一九七五年以後，資金運轉愈困難，雖然以商社金融來運轉，但不放棄強行的姿態，而且認爲景氣若變好就不要緊。一再強調盡人事聽天命。雖然有人說，過去的危機因此克服了，所以成爲一種強烈的信念，但是「神風」不再爲他吹來。

當然，對北澤會長而言是充分具有自信的行動，大概對自己的決定有自信的緣故。但是，由結果看，那是依賴「神風」的無謀經營，遠離正確的決定，且其行動違反前面看到的危機管理的原理和決定的規則。所以是超個人公司的最典型倒閉事例。

超個人社長所領導的企業，並非衆議獨裁，容易變成專制的獨裁。因此由周圍立場看是非常危險的經營。超個人社長的當事人，對自己的經營手腕，絕對有信心，又時常自負任何事都知道，自然而然漠視情報，終於判斷發生錯誤，甚至選擇、決定也會發生錯誤。

關於這點，舉個不同的例子。公害測定機器製造者的堀場製作所，由「簡陋的小屋」出發，是歷史尚淺的世界性企業（資本額不過十一億五千五百日元，擁有歐美各國多數的分公司，且多國籍化），以獨特的工夫，創造衆人所知的企業。

不只職員陣容特別優秀，其半數以上中途入公司，分公司也有不少能幹人才。堀場製作所的經營方式有其特色，以「有趣、奇異」爲社則，因此戰略決定亦有一種不同的方式。

五、新決定者的條件

茲依據前面克勞塞維茲的《戰爭論》，大事業的經營中不斷發生種種的困難，要克服這些問題，非有堅固的感情不可。

具體的說，不隨便激動，具有高度的熱情，但秘而不宣。於激情發出時，也不失爲均衡的人，就好像強風巨浪翻騰的海中的船，仍然依據羅盤針前進。不管胸中的風暴，基於冷靜的觀察和自信而行動的人。當然這種人與其說是尋常人，不如說爲極少數的人。要有此種資質，須克服多種困難，歷經磨練而成，雖是普通人亦能體會。這種論點就是克勞塞維茲所說的特色。

又依據克勞塞維茲的看法：「決定力、決定心，只依據知力，且依據知力的獨特方向而喚醒。」而知力就是「由學問和經驗攝取的知識，並非單單的知識，而是成爲血和肉的知識。」因此知力可說是集中自己全部的體驗、全部的知識，完全消化深入體內的能力和智慧。在此分析一下一流的企業人究竟如何？大多數人認爲克勞塞維茲所描寫的具有堅固感情的企業家屬之。

這些一流企業人所共通的特質，是具有發出光亮的優秀能力。其發光能力較常人更具觀察慧眼。爲供參考，茲列舉構成觀察眼的五項感受力。

做觀察的「觀」、緊釘追踪變化的「看」、使用科學化的手段分析資料的「鑑」，上列三項收集材料的感受力加上綜合資料，使其聯結有關的「關」。還有掌握人心動向的「感」。運用上列五項感受力，將情報加以分析、綜合，並領悟出新的意思。能充分運用「勘」，稱之爲第六感。第六感不只是燦爍發光且是以科學的分析結果而產生。

當然因此所做的決定是輕鬆而愉快的。在這種情形下，其決定力才能充分發揮，其決定才更妥善。

日本人容易感情衝動。比方說，遇到危機就失去冷靜，而走錯方向。所以美國未來學者哈曼康恩（Harman Kane，近代的哲學家）批評日本人謂：「日本人好試探危機，卻忽略預防危機。」

其實「分析危機、利用危機」的能力更是重要。凡是企業家都可能遭遇到的。

第五章　革新力——對企業戰爭的應對

第一節　企業戰略和革新力

一、打敗敵對企業的方法

企業界一年比一年困難。最近任何企業、商店，都會看到面容青白、無精打采的人。問其原因，就會訴苦道：「銷貨額減少，但費用增加，入不敷出、經營困難。」他們的困境我能瞭解。但是遇到這些人，老實說有時候眞想反問他們：「如果那樣困苦，不斷發生赤字的話，停止營業不就好了嘛！」當然事實上未曾說出那樣的話。因爲知道營業不順利時，煩惱操心就多。所以最近常對這些煩惱的人，使用鼓勵的言語：

「能否賺錢？」

「不！頭都不敢轉動，已經灰心了。」

如果如此回答的話，就告訴他：

「彼此面帶笑容，讓我們飲一杯，以消除心裏的哭泣。」不就好了嗎？

這也只是口頭說說，明知不一定能達到安慰的目的，但是也不能全都以這一句話來解決。事實上，有時候也不知道該如何做？遇到這種情形，就會想到往昔江戶時代商人的生存方法——商業的經營方法。

假使目前有一個人，生意沒做好，苦惱的結果，面臨絕望。我想在這時候要告訴他，若是江戶時代的商人，他們一定會說：「生意做不好，一定是你的方法不成。要說出落魄的話以前，該運用你的智慧。」和這同樣的方式，在江戶時代的商業古典中，介紹了幾種，但任何商業古典中，都不做任何同情的表示。

江戶商人認為生意做不好是一種恥辱，他們將商場當作戰場。那樣的商人，雖然以勤勞為第一，同時為了商業的高明進步，為打敗同業，發揮智慧、才華，而絞盡腦汁是必然的。到底都是自力更生的鬪志，於所謂「鬪智的商法」中，可以看到。

為供參考，茲列舉二、三江戶時代的商業古典的例子。

「鬪智就是競爭，以智慧才華互相激勵，唯以才華第一。無論如何，眼光要放在他人所注意不到的地方，盡心不要讓他人先取。」（《商家心得草》）

「在江戶（現在東京）做江戶人應做的事，非江戶人就不能賺到錢。若在京都，可以發揮京都人以外的智慧；但在江戶，就無法發揮江戶人以外的智慧。在京都可得超羣的利益，在江戶要獲得超羣的利益是不可能的。」（《舛小談》）

「商業之道，要時常具備似在風浪中過海的想法，以武士身臨戰場的心理，買賣的交涉要迅速。損失時不嘆不驚，靜靜思慮，不可延遲，失去機會。古人玩圍棋時，以不勝就不玩、會輸就不玩的心理，心身堅固。而應以大勇猛的心情赴商場。」（《商家秘錄》）

再看其他的商業古典，任何書籍都說：「經商如播種子，最重要的是要先著手。」「在社會處事最好不與他人相同。「人們若走東，我就走西。」總之，任何時代、任何地方，都有新的商業種子。所以著眼要在他人之先，最重要的是要能事業化。都是如此的強調。

再回頭看現代的商業社會究竟如何？企業的生存競爭雖然更趨激烈，但是要戰勝敵對企業的基本原則還是不變。

二、企業戰略的根本

八〇年代的企業經營環境，無疑地比過去任何時代都艱辛，企業的生存競爭愈加激烈。在企業生存競爭不斷激烈化之中，決定企業命運的，當然就是企業戰略。

再說，在此所謂企業戰略，就是經營環境不斷變化中，如何適應變化而發現新的事業機會的戰略。又好像意思決定爲核心組織事業的範圍。當然這些和前章所說的構想、目標以及支持經營理念，有密切的關係。大多數的場合，在這些當中才能產生並做決定。

具體的說，企業在那種市場，做重點出售製品、商品。又因此，要做什麼樣的技術、組織、財務構造，這個大範圍的決定是基於其企業構想、目標和其根底的經營理念來做決定。但在這大範圍中所決定的企業實際戰略，非考慮同類企業間的競爭不可。

更具體的說，和同業的生存競爭，要如何才能戰勝，是決定具體戰略的基礎。那不用說競爭條件，就是今後會如何變化也須考慮，才能下決定。換言之，企業戰略就是因應敵對企業的戰略所做的決定及執行。比如日立綜合計畫研究所的佐藤孜所長做如下的解說：

「……於企業戰略的決定，最重要的是向對方的弱點注入自己堅強部份的想法。因此了解自己的強處（長處）是其先決條件，也就是檢閱自己的兵力、強固地盤。然後就本身的強處再做強化。對弱點加以補強也是重要的事，不要隨便向敵對企業挑戰……」

佐藤所長強調下列之點：

以前的高度成長時代，企業的成長機會多，市場多自由。所以在企業界所佔比率雖然少，兵力也較弱，但在企業戰場尚能確保某種程度的陣地。而減速、低成長經濟轉變以後，其佔有力範圍變小，而兵力的強弱決定了企業生命。兵力強，在綜合力優良的企業，較能奪取多數的佔有力。另一方面，兵力弱的企業，要確保從前繼續下來的陣地、商場也有困難，終因綜合力衰落而不堪一擊，略微一推就會被打倒。在平常的表現中，我們以肌膚能直接感覺到現代的企業戰爭和戰略的方法，確實如佐藤所長所說，以企業的兵力，也就是綜合力的優劣、強弱而決定勝負，這是往昔未曾看過的。

在此再談到所謂企業的綜合力，以自己的看法說明如下：

企業綜合力＝｛商品力＋銷售力＋資金力＋技術力＋情報力｝×α（經營理念）

以上再加上伊藤忠公司的瀨島龍三會長所說的，企業體力較強者，其企業戰爭也較強烈。再將瀨島龍三會長前年所說的話介紹如下：

企業的體力＝（體質軀體的大小）×速度

右列就是瀨島會長理論所說的企業的體力，茲逐項說明如下：

體質就是：①借貸對照表②收益以及內部的保留③一人份的銷售額，與利益的乘積。還有財務內容的各項目能夠平衡，而且其乘積若非水準以上，體質不能說是強壯。

巨大的軀體，是進行國際性經營戰略不可欠缺的必要條件。體質雖好，若是軀體太小就缺乏國際性的影響力。速度也頗重要，在內外都繼續激烈變化的時代，情報、判斷、決定、非全部適切且快捷不可。因此，公司內組織體制（組織力）不完全的話，不能遂行快速度的經營戰略。……

這樣看來，以中小企業的立場，會感到無論如何不易自救，或者令人膽寒也說不定。但是在此必須加以說明，雖然在兵力方面較劣勢的中小企業，也有可能與大企業並肩，充分的展開經營戰略。再以江戶商人的話來說明，要點是如何運用智慧才華，如何對敵對企業的既存大企業的缺點加以突破，以嶄新的構想向其挑戰。

在此，再次回到原來的出發點，看看江戶商人的實例。

三、三井高利的越後屋商法

在日本的歷史，商人登場已是相當古老的事。奈良朝——平安朝時代已有「原點的人」，他們以五穀結實的「秋」及由唐傳來的「商」（物品的計量），將這二個字結合叫「あきびと」不久發音變爲「あきうと」後來叫做「あきんど」（商人）。但現代意義的商人，登載於文字的是經過很久以後的江戶時代的事，這個江戶商人就是日本最早的商人。

日本商人向以資質高超聞名，堪稱是世界第一級的商人，由現代眼光來看，令人不得不驚嘆他們的商業高手。其中，在日本商人史上可以特別提到的是舊三井財閥的始祖——三井八郎兵衞高利（一六二二——一六九四）。他在一六八三年所編的「越後屋商法」的內容，令人驚奇其智慧的高深，構想的嶄新。

其特徵如下：

第一、現金照定價買賣。這是世界上最初的定價販賣。再說，三井高利實行定價販賣大約壹百年後，布稀哥在巴黎實行歐洲最先的定價買賣成功，後來設立世界最早的百貨店。

第二、布的買斷（沒有賣完也不可退還給批發商）。當時的布商的慣例是一碼碼出售（沒有賣完可以退貨），但是高利的越後屋則應顧客的需求實行買斷。這也是世界最早經營薄利多銷商法的先驅。

第三、公司內的分項負責制。各店員分別擔任各種布類（羽二重、紗綾、紅類、痲、毛織等）的銷售。為提高專門化的效率，同時也可考慮到對顧客的服務。因注意觀察顧客興趣嗜好的變化，掌握當時任何人都沒想到的劃期性的制度（應顧客需要創造新品）。

第四、製造成衣出售。在越後屋雇用很多製衣員工，應顧客的要求而訂製。創立順應顧客意見訂製方式的先例。

第五、特價販賣。在越後屋有定期出售剩餘品及瑕疵品的特賣。例如訂定三個月期間，在店內銷售不掉的商品以特別廉價出售的店規。這是考慮到資金的效率運用，對不良庫存品的有效清除。另一方面，大眾顧客也喜歡。這又是現代特價銷售的先例。

第六、宣傳。「現金定價廉售」的宣傳單，分發江戶（東京）市民。且於下雨天，將印有越後屋的兩傘借給顧客。這也是當時的任何商人都沒想到的商法。

第七、賣給各地方的商人。越後屋和其他布商不同，他們向地方的商人做大批發。考慮大量批發來提高效率。

第八、貨暢其流。不經中盤的損失，謂之「物流革新」。在越後屋，除江戶店（販賣店）外，又在京都設店（買入店），物品不經由中間批發，直接向生產者購入即出售之。這「物流革新」有如我國的貨暢其流，這在當時算是卓越的構想。

這就是越後屋的商法內容，無論那一項都是世界首創，或者日本國內的首創。且這些方法，在現代乃是十分新穎且不失其威力，受許多人所肯定。這些三百年前的古代三井高利編訂的商法，不但仍在日本暢行且普及於全世界各國。這種實行三百年仍然不變的商業繁榮策略，實在值得重視。其原因在於他確能掌握商業原點。

讓顧客滿足、讓顧客喜歡、自己亦能賺錢——這就是所謂「圍巾商法」的原點、基本原則，運用自如，有如自己的東西。

誠如許多江戶商業史的研究者所指出，「圍巾商法」的創始人，是由其母三井珠法學來的。那是由母傳給子、再傳到孫，繼承產生出三井三百年的繁榮。但在此有一項不可忽略的要點。三井高利的越後屋商法是三井高利的經商哲學，其要點爲：新的商人非爲大眾設想不可。其商業也就是這種想法的體現化。換言之，三井高利的越後屋商法是爲追求自己的理想開花而生，其非凡構想的秘密，深入加以分析研究，並非常人所無法做到的。

四、大衛·中內功和德洲會·德田虎雄

現在又回到現代來研討一下。超級市場界的最大戶大衞的創業者社長中內功，受三井高利的越後屋商法所感動，而創辦「主婦專業店的大衞」。這個事實頗令人尋味，茲陳述如下：

第一、三井高利越後屋商法是眾人皆知的歷史事實，爲什麼只有中內功能將其傳到現代，且

發現能在現代再生的辦法？關於這一項，雖有很多人在研究，筆者在此以個人的看法來說明：中內功也是將目標放在爲大眾著想，做一個較新商人的觀點，而從經營理念出發，重新洗刷商業界的現況，而求得自己應該做的事。在這個過程中，領悟了三井高利越後屋商法的要點，這是我們應該特別重視的。

三井高利對當時的商業界不滿意，也就是不滿意流通界（商界）的現狀，希望是爲更多的人著想的新商人，而創造自己的商業目標。其思索的結果，想做一個最早「爲大眾意願型的人」，對既存勢力挑戰，對既存秩序的破壞。他以一個既存秩序的破壞者而登場，且使其體現化。

大衞的中內功也同樣。他在二十幾年前揭櫫「流通革新」的旗號。「將價格之形成（訂價），取決於消費者」而創辦大衞，我們不須回顧也可知道很多企業家已知此事。

我現在想要主張的是下列的事：所謂企業革新或革新企業的戰略，多數是對既存勢力挑戰的形態。由既存勢力來看，其挑戰者就是秩序的破壞者。而那些對既存勢力的挑戰者或是秩序破壞者的共通點，是更加重視「大眾意願」的立場。

在此再舉一例，最近成爲話題的「醫療法人．德洲會」的情形。

眾所皆知，德洲會是因一位年輕的醫師──德田虎雄（現德洲會理事長）對既存醫院未能對患者做其需要的醫療而感到不滿，爲創立一個理想醫院，實現這理想的行動而誕生。他對既存的醫院挑戰的姿勢，誠如新聞界所做的報導，因此以爲德田就是信長一類人物的人很多。德田本人雖矮小，卻是富有朝氣的青年醫師，乍看之下令人難以置信是對全國的醫院發出挑戰狀的人物。但看其名片就知道並非普通人物。他的名片是綠色的，其背面印有詳細的「理念及實行方法」，茲介紹供參考。

▼醫療法人德洲會的理念——「能安心將生命寄託的醫院」、「保護健康及生活的醫院」。

還印有左列事項：

▼理念的施行方法

⑴整年不休假，二十四小時服務。

⑵入院保證金、團體病房的房租差額、冷暖氣房費用等一切免費。

⑶健康保險的三成負擔金，如有困難者免除。

⑷代墊或給予生活資金。

⑸不接受患者的一切贈送物。

⑹為醫療技術、診療態度的提昇而不斷努力。

聽說，醫療法人德洲會的醫師、事務員的名片，全部都印有同樣的文字。這超越常識的挑戰者姿勢，產生了革新力。

五、革新力是什麼

在重新探討「革新力」是什麼以前，先來研究革新的企業戰略是什麼？

依據東京大學大河內曉男教授的看法：

「革新非單純的主觀，也非單純只想到必須盡到各項客觀條件之合理思索。須超越既存的合理論理範疇而出現者。」（《經濟構想力》東京大學出版會刊）

大河內教授關於革新的構想又有下列看法：

「經營史上關於革新的諸多事例，檢討其出現的經緯，有其共同的基本特徵，是以卓越思索爲出發點的新經營行爲。在此所稱思索，是使用所發現的新事實、或者重新由新觀點看已知的事實，而作出新的經營行爲形態。其經營構想的出發點，由這種思索的基本範圍所構成。又所謂卓越的情形，那並非單純的原理性或技術上的優秀，也非只這些項目是同行的先驅。其基本範疇的架構、其經營行爲的形態、及爲將來之實現、爲經營環境所接受、而能達成企業經營目的的可能性，在現在的時間空間都能透視出來，包括其他超越他人的一些因素。」

上列講的概念略爲複雜，故在此整理大河內教授的要點如下：

①經營上的革新並非單純的思索，而是絞盡腦汁思索出從前的企業經營線上未曾看到的合理的東西。

②卓越的革新思索，並不單純只是同行的先驅，且必須沿著企業經營目的而進展。

他如此下定義，筆者進一步以其個人見解整理所謂「先有經營理念、目的……然後」的情形。

換言之，缺乏明確的經營理念、目的時，不會產生任何人都想不出來的卓越思想，也不會產生革新的企業戰略。再說那些東西，不會由單純的技術力或先見力就產生。所以要產生卓越的思想或革新的企業戰略，其基本的革新力是什麼？那就是

▶革新力：於企業的生存競爭中，時常是其他企業的先驅。爲企業之成長發展，產生新的企業戰略的能力。也可以以左列的方式表示。

▶革新力＝〔構想力＋目的選擇力＋決定力＋技術力＋洞察、判斷力＋綜合力〕×α（經營理念）

所以革新力就是前章所講的構想力、目的選擇力、決定力以外，加上技術力、洞察、判斷力、綜合力、乘以經營理念的總和。當然，這個革新力就是總稱「經營力」內涵中，最重要的企業人的能力。

優秀的經營者，提出卓越的企業戰略構想時，周圍的人有時不能理解其眞正價值，或者反對、或者輕視爲只是單純的思想。這在事實上常常可看到。比如說，帝人的故大屋晉三社長提出合成纖維的技術導入案時，全體幹部強烈的反對，就是有名的實例。還有伊藤忠的戶崎社長，決定要和安宅合併時，徹底反對的幹部也不少。這事，想必大家都已知道。

由上例諒必大家可以知道：這一切只因「革新力」一項的差異而已。

在此請回想前章所介紹的，野村證券歷代社長所負的使命之情形。前面說過，野村證券歷代的社長所負的使命是至其前代的社長，所未做到的。完全基於新的構想而產生的新工作。這是他們事業上的重大課題。前面又說過「由無生有」的形態，當然那並非容易的事。在此重新看看戰後野村證券的企業戰略，究竟如何？野村證券成爲現在證券界的常識，創造出很多項業務並加以培養。

投資信託、員工持股制度、公司債營業、公司債的現金優先買賣、依據婦人集金人制度的繼續投資、時價發行、轉換公司債、以及野村綜合研究所的設立……等，任何一項都是先行投資。開始之初，社會上批評爲只是「勇敢」而已的戰略。現在不只證券界，工商界也都加以肯定其成就。原在第一章所介紹的「世界性野村構想」，爲了要達成經營目的而規畫、做決定、先行投資（都是十年期間所必要的先行投資）所產生的成果。

第二節　革新力應如何持續

一、森永製菓凋落的原因

在激烈的企業戰爭中，要生存、而且要成長、繼續發展，必須要有革新力。這不只是企業界所共同感受到的事，在現實社會中，就有很多實例。曾刮目炫耀於歷史的名門企業當中，也有因失去革新力，被後起的敵對企業所超越，終至由企業社會中消失的企業亦不少。可見要保持革新力是如何的困難。森永製菓的模式就是典型的事例。

森永製菓爲什麼誤定戰略，而由「森永菓子王國」的光榮寶座滑落?!由手邊各項記錄資料來看：

森永製菓是日本糖菓業界的開墾者，誠如衆所周知，戰前到戰後，成爲「森永菓子王國」，在全國超過一萬家的製菓業中，森永曾有獨佔鰲頭、領先同業的光榮時代。

第一期的黃金時代是一九〇七年，在東京芝田町，建設擁有員工一千名的三樓大工場製餅公司，以近代的產業軌道進行。當時大家看到這種情形都大吃一驚，並刮目相看其超越常規的急速成長（在其八年前的一八九九年，僅由其在東京、溜池的二坪大工場開始創業）。不管如何，自建設前述的大工場以來，森永則繼續急速成長，經過明治、大正、昭和初期，而且繼續至戰後的昭和三十（一九五五年）年代，長久維持其黃金時代。

支持這個森永黃金時代的，當然是「森永牛乳糖」。這是至昭和十年代的人們，不能忘記的甜甜甘酸的回憶，同時也是點心界的代表。在黃色基調的簡單盒子上寫著「滋養豐富，風味絕佳」的森永牛乳糖，其滋味被這個世紀的人們支持為「牛乳糖的森永」，於是順利成長，獲得日本第一的寶座，且穩坐如山。但是這個森永亦在昭和三十年代後半，面臨轉捩點，不久就開始步入凋落。

一九六三年，森永終於被敵對企業的明治製菓，奪去頂尖的寶座。其原因是森永安處於牛奶糖時，敵對的明治以「巧克力明治」的旗幟，積極果敢的展開其戰略所致。

就在這個時候，森永被迫的防衛戰是積極推出巧克力的生產界，圖謀反攻明治。而於一九六四年，企劃森永王冠巧克力產品的誕生，好像已有些表現。但是因為缺乏強力後繼的新商品，不可能奪回尖端的王座。終於在一九六五年不景氣的時候，讓人們留下業績不振的印象。以後森永走向凋落一途，一九七九年三月，帳目終於轉入赤字。這事實令知道森永黃金時代的人們受到大衝擊。在此最值得注目的，是森永製菓凋落的最大原因，為商品開發力的降低。

二、危機意識促進革新的持續

餅業界的場合，其業績決定於新產品的成功與否。因此，新商品的開發競爭，比其他行業更加激烈。特別是近年，由於便宜的外國餅的進口，和消費者對甜度要求之降低，影響經營結構的變化，須開發新產品的任務也相對增大。當然森永經營陣容也瞭解其現實，但可惜其認識程度較敵對企業低。再說觀察被明治製菓奪去頂尖寶座以後的森永商品戰略，除「森永王冠巧克力」外，幾乎全都是跟隨敵對公司的商品而已。所以一般人認爲「森永的商品開發，較其他公司慢二年」。在大批發商中，也有人批評森永的商品開發力低。以下就是：

「森永製菓的鬆懈在於只以明治製菓爲其敵人，但現在森永的敵人不只是餅業製造者。比方說，馬鈴薯片等是一般味素之家的大眾家庭食品，此食品在製造方面，也積極相繼的推出新製品。以量來說，也和森永或明治銷售相近。雖是如此，但是森永仍不瞭解眞象，和這項事實的嚴重性。」

這對森永來說，或者是過份嚴厲的批評也說不定。但是一九七九年六月末，爲了重建森永而就任森永製菓社長的稻生平八（前森永乳業社長）認爲這些批評是當然的而予以接受，且全力投入商品開發的強化與擴充。

以前作者曾訪問稻生社長，稻生社長對餅業界的過度競爭的現狀，非常慨嘆地說：「雖然是這樣，終會被追趕過去，這是五年前就已知道的事。」既知如此，爲什麼不擬定必要的對策？如此感嘆，這也是我們的疑問。

爲什麼森永在五年前製餅業界的企業戰爭開始激烈時，不做有效的對策？關於此事，稻生新社長不願多說。但基於筆者取材綜合結論，森永凋落的直接原因，大約有下列四方面的戰略決策的疏忽：

第一、森永的商品開發組織似乎未發揮其功能。第二、森永是因業界競爭激烈時，才將戰略的重點放在相關方面（不動產和休閒業方面）。也就是「脫離本業」的戰略，就是爲了資金的固定化，以對付經營壓迫的措施。第三、其多角化戰略的失敗形成沈重負荷，因此在本業方面的戰略開展顯得不活潑。第四、在當時森永公司內甚至認爲走下坡是不得已的事，此氣氛相當濃厚。

現在筆者重新針對上述提出之點，強調森永衰退的眞因就在第四點。也就是森永公司內瀰漫著將森永的衰退認爲是一種命運的濃厚氣氛所致。而另一方面又受到餅業界消費者不再喜歡甜味，且便宜的外國餅進口的增加所形成的雙重打擊，以致步入夕陽境界而逐漸沒落。但是敵對的其他公司則在同樣的經營環境下，另有其不同的想法。

敵對的其他公司認爲消費者不再喜愛甜味，是一種嗜好的多樣化，不認爲消費者不喜歡甜味就是不吃餅。還有，對便宜的外國餅進口攻勢，也認爲是當然的事，因此只想應該如何去迎接攻擊。這個認識、判斷的差異，出於企業戰略、商品開發力的差異。因此在同樣的經營環境中，情況良好而繼續在發展業務的企業仍多。

糖菓業界的人們異口同聲地說：「森永的社員們靜坐在『森永菓子王國』的遺產上而吃其遺產。」如今森永的社員也在極力反省其事，這個森永的模式，證明了缺乏危機意識時，企業的革新力亦將衰退下降。進入森永擬重建森永的稻生社長認爲：由「人心一新」（革新先由革心）開始著手是我們可以領會到的。

三、開拓者公司躍進的秘密

在此舉一相反的模式，請看開拓者公司。那是強調危機意識做爲發動力，而喚醒革新力的模式。玆介紹如下：

所謂開拓者公司，是以錄音器業界的尖端製造者而聞名。昭和三十（一九五五至一九六四）年代後半的開拓者公司，是在四面楚歌的狀態，也就是處在喘不過氣的業務狀況。這時，開拓者公司的創業社長松本望，提拔原東芝公司的幹部石塚庸三，委任其經營開拓者公司。以後開拓者公司繼續飛躍，進而讓同業刮目相看，列入今日名牌的地位。這個石塚模式的經營是特別值得重視的地方。

一九六二年秋，進入開拓者公司的石塚，研究瞭解開拓者公司情況之後，發揮其長處、改進其缺陷、補強其弱點，依照企業戰略的原則，強化企業體質，繼而訂出其經營革新策略。

石塚首先著手的是銷售路線的整理準備及強化。他一面偏重於銷售商店的擴充，圖謀脫離對批發商的依賴。另一面力圖財務本質的強化。但在此要特別重視的是提出「開拓者基本活動基準九項目」，計畫人心的一新，甚至對每個社員明確指示其應做事項。茲將九項目介紹如下以供參考：

第一、與事業有關新需要的開發。關於商品軟體新內容的開發，也就是商品效用的銷售。

第二、努力領導市場，不管以什麼方式都必須努力達成。

第三、爲了要領導市場，必須將先發性列爲第一條件。爲合乎社會的變化或市場變化的方向，以努力追求新奇爲第一條件。

第四、成爲強有力的年輕者。

第五、成爲高級品的強手。

第六、要有個性。

第七、爲三年後的需要而創造發起具體的行動。

第八、不以價格爲競爭手段，而以非價格的要素來競爭。

第九、不要停止在現狀。

——以上逐項看來，任何企業家都認爲是常識上應知道的事。但是基本活動九項目的全部，所謂「業界革新」爲目標來看，石塚模式的經營秘密，有其價值的所在。

企業要繼續成長、發展下去，必須要有革新的經營，那是毋庸置疑的。而商品開發競爭更加激烈的事，不須用眼看，以肌膚就可感受到。但是事實上常被忘記，且常錯覺為革新力就是單純的技術力，其結果容易將「革新」看成小事，是常見的事實。若看下列歷史的事實，就可能會感受到開拓者公司石塚經營模式非凡的特色。

所謂「零售輪的理論」就是有關零售、流通業界的理論，但在製造者當然也可充分參考。

四、零售輪的理論和革新者

零售商、流通業界，比起其他任何業界的企業競爭更加激烈。而其零售、流通業界激烈的企業戰爭，波及消費材製造業者，且其他素材製造業者，也會受到重大的影響。但這個零售、流通業界，有一項企業盛衰的法則，被美國哈佛大學的麥克奈亞（Marke Neir）教授發現，那就是「零售輪的循環理論」。依據其理論，流通業界時常接受革新者的見解而不斷的在做革新工作。

流通業界的革新者通常以低界限、低價格作武器而滲入市場。如果成功，就一心轉向大型化的設備、高度的服務化。其結果不得已變成為高原價、高價格的經營體質，又要求高界限。接著對新登場的低界限、低價格的革新零售業者，必須讓出革新者的地位（角色），而這個循環恰如命運的輪，在零售業者發展過程中輪流循環。

這就是零售輪的循環理論。這個理論的正確性眾所週知，得以過去的實例為證。

首先看零售業的百貨公司。百貨公司在發展階段的初期，以低價格爲武器的新革新者角色登場，驅逐一般零售店。其次的階段是超級市場以新的革新者立場登場，驅逐百貨公司而築起現在的超級市場上位時代。但此後應該注意的是超級市場的動向。很明顯的，超級市場已經來到變革的角落。

爲什麼？日本的超級市場業界，在二十餘年的快速成長史中，逐漸趨向大型化設備，更加上高度的服務。同時遇到同一項問題，就是按照零售輪的理論，不得已成爲高價格的經營體質，因此不得不變成高界限，否則就成爲無法經營的企業。

今再由各角度重新檢討超級市場業界的現況。第一個問題是激烈的開業競爭和爲此所必要的店舖大型化，因此超級市場遭遇轉變的立場。

超級市場原來是以自己服務和大量便宜銷售爲武器而登場。但因其他競爭商店以革新商法登場，所以在開幕之初，卽受到洶湧人潮的惠顧，而成功地向大企業的管理價格挑戰，對複雜新奇的流通經路予以衝擊。而且各超級市場爲了要賣得更便宜而互相殺價，雖然對苦於高物價的庶民而言是大受歡迎，但其成功相反地對超級市場業界者帶來一項新困難。

一家超級市場的成功，引來其他超級市場的加入。其他新市場的成功，又引來更多競爭對手的新加入。結果在短短的時間內，超級市場展開激烈的企業戰爭且擴張至同業。而其結果使超級市場界在短短期間內產生由盛而衰的型態。也就是——

第一、開店三年期間其銷售額繼續的高成長——換句話說開店當初，無強力的敵對商店。因較後期開店，以較大型的店舖爲武器，所以能够併吞先輩店的持分（股份）。

第二、以後二年的期間，變成低成長。那是因爲先輩店的成功，引來強勁的敵對商店侵入，開始吃其股份。

第三、開店五年後，銷售額就減少。這個時候，既存店需要重新整頓。

這就是超級市場店舖的盛衰典型。結果超級市場形成激烈的銷售競爭。大型競爭的介入成爲不得已，而且成爲不以高成本就不能經營的企業。依據「零售輪的理論」，在這個階段，新的革新者就會登場。事實也是如此，新的流通革新者開始登場了。

五、應如何持續革新力

有所謂「打折店」的企業。

這個打折店有兩種型態。一種是照相機、眼鏡、紳士服等，專門的拍賣店。比方說：「淀橋照像機」（ヨドバシカメラ）、眼鏡的「眼鏡材料」等。他們之中，也擁有自己公司工場的物品專賣店，對沒有工場的超級市場是強力的對手。

第二型的打折店也有實力。這些店是避免和超級市場的正面衝突，不出售超級市場的主力商品的食品。但以家電製品、家庭用商品、休閒用品、實用衣料等爲中心，以專門商品構成而追擊超級市場。

超級市場的總利益率二〇～二五%，而打折店的總利益率只一六%左右。也就是以低成本、低價格的立場，打折店方面占了優勢。照前述零售輪的理論來分析，超級市場的地位非讓給流通革新者的打折店不可，那是十分明顯且可預測到的。另一方面，超級市場業界正在圖謀反擊。比如擴充本公司商品、加強價格競爭力就是一例。且可以看到百貨公司化、綜合零售業者化的動向。但不管那些方法，超級市場做一個流通業革新者的角色、地位已逐漸薄弱，那是不爭的事實，也是超級市場業界者所正面臨的最大問題。

因此產生一些對策。比如說大榮的中內功社長，最近宣佈「復歸大拍賣的原點」，而開始設置比超級市場低價格的專櫃。但消費者的反應是冷淡的。以「現代的三井高利」爲目標而努力的中內功似乎已感到束手無策。在此筆者要指出一點，就是大榮超級市場採取和新的革新者打折店同樣的構想對策，就有問題。

超級市場和新的革新者打折店比較起來，是本質不同的業務型態企業，其對超級市場顧客的印象也已固定了。所以其革新策略非爲超級市場的革新不可。以「復歸大拍賣的原點」名義，來追隨打折店的商法是不當的。

當然那是超級市場時代的先驅者中內功的事。現在筆者所說的諒必讀者全部都知道。那麼今後的經營革新方法更是令人注目了。

第六章　事業化力——成功的爆發劑

第一節　掌握事業化力的本質

一、如何超越障礙和摩擦

八十年代的經營環境大家都明白，比以前更艱難，企業的生存競爭也更加熾烈。在如此企業戰爭更加激烈化當中，決定企業盛衰的是前章所講的革新力。繼續產生敵對企業的任何人都未想到的新製品、新商品，又站在與原來業界常識上不同觀點來計畫流通革新，且要首創時代的變化，以由無生有的研究，發起新的事業。

當然這並非像口頭所說那麼容易，那是大家早就體會到的。如果可能的話，人人不要辛勞。雖然看起來好像不可能，但若不能繼續做新發現而實踐、成長、發展，則要生存也是相當困難。這樣說好像是在訓示人，事實上苦心積慮就會產生新的構想，於圖謀其實現的下階段，我們又要遭到很多新的困難。

為什麼要產生新構想須勞苦其心？因為要將構想成為事業化更加困難，且充滿革新的事物愈會在周圍產生摩擦。引用東京大學教授大河內曉男的話：「革新會時常發生摩擦」（「經營構想力」就是如此），由相反的觀點來看，革新的周圍若不發生革新摩擦的，就不是眞實的革新。不管如何，創新事業時，事前要預知周圍的摩擦，且必須要有遇到任何的摩擦都不屈不撓的覺悟。在此再進一步提起，雖然遇到很多困難，但爲了將構想成爲商品化，必須以不屈不撓之精神來培養事業化的能力。至於「事業化力」是什麼？容於下列加以探討。

或者有人會說：若是企業人早就應該知道這些道理，不必再提起，但還是重新來探討看看。它好像容易理解，其實知道其具體情形的人意外的少。因此對事業所付出的辛勞，超過其必要程度（事倍功半）。

尤其，這個事業化力須事先探討清楚，以口頭講雖然可以理解，但是對於好像要付出流血般的辛勞才能成功的事實，如果缺乏「成功體驗」的人是不會切身了解其內涵的。因此感到只以言語說明似嫌空洞。如配以實例來詳細分析說明，在作業中就會有某種程度的了解。現在我們要重新研究事業化力是什麼，但不依賴其他手段。事先知道這些之後，請看下列實例來進行本章的話題。

二、「全然無」當中的事業化——日立電纜的情形

一九二七年七月——日立製作所迎接創業十年時，日立的創業者小平浪平，計畫電纜製造的

事業化，起用當時只有二十八歲的倉田主稅（後來的日立製作所社長，已故）爲負責人。這個人事命令，使周圍的人們大吃一驚。當時，倉田的身份是久原鑛業、日立鑛山、日立製作所製作課（日立於一九二〇年由日立鑛山獨立）屬下的一位股員，其薪水較同期入社的大學畢業社員低得多，只是一位舊高專畢業的末端技術者。

倉田在仙臺專科工業學校時，主修機械工學，對電纜製造技術並不熟悉，經驗也缺乏。如將倉田令其參與電纜製作的新規劃之一員並無不可，但是突然起用他爲最高負責人，難免令工作同仁大吃一驚；最感訝異的是倉田本人，爲什麼連他自己也不相信呢？因爲日立的計畫一向是不可以失敗的。

日立在那時以前，本社所使用的電纜全向大手製作者購用。但是其品質、形狀經常發生不適合的情況。稍忙時，其電纜的供給就無法按時交貨。因此，日立的製品時常發生延誤情事。於是對製作者再三要求改善，但獨占供給的尖端製作者幾乎相應不理，反而暗示不擬再供應。對日立來講，電纜製造是爲了本社的成長、發展所不可欠缺的。但是製造業者笑其計畫不當，並吃定日立本身無法製造電纜。爲了面子，日立製造電纜的計畫非成功不可。當然被起用爲負責人的倉田，知其身負責任的重大，夜晚也不能入睡。但是在此要特別加以介紹的是：小平以「無錢、無設備、無經驗」所謂「全部無」的狀況下，計畫電纜製造，而且作了決定，起用二十八歲的倉田主稅爲負責人，並全權委任之。

實施這個計畫，小平給與倉田的事業預算總額是三十五萬日元。當然那在當時的日立來說，是不容易的支出額。其實這只是連購買一臺製造電纜所不可欠缺的回轉機都幾乎不够的錢而已。由同業常識來看，以不合常規的微少金錢，要整備一切的設備，又要負擔營運之資金似乎不可能。倉田知道連買一臺回轉機都不足的預算時很失望，但立即認清要領。首先由製造電纜的機械開始，然後才製造電纜。由先進的製作者來看，那是不得已的，由「全然無」的方法著手的事業竟然成功。這個日立製作所電纜部，以後更加成長、發展，而成現在的日立電纜（資本金額一百三十一億日元，員工五千一百餘名，全年出售額高達一千五百三十二億日元——一九七九年三月期）。在此又從頭說起，我們要注意的是日立電纜創業時的倉田主稅的事業化力，保存在日立電纜、日立電纜工場（日立市）內的「倉田文庫」，故以此資料做爲基礎，再加以深入探討之。

三、以計畫性支持事業化

日立的電纜製造計畫，於一九一七年九月八日，提出電纜工場製造大綱，經過批准而正式開始。但其預算計畫書，成爲先進他社取笑的對象。看其預算計畫書、機械、工場建設等等包含在內，一切的設備費共計十一萬日元。包括購買材料的每月營運費九千四百五十六日元，雖然是在大正時代（一九一二——一九二五年），無論如何，就電纜製造業的預算而言是太過短少。因爲將設備、工場建設費全部算起來，也不足購買電纜製造不可欠缺的回轉機一臺的預算。所以先進的其他公司都取笑「是否眞實？」但是事業的負責人倉田主稅卻是泰然自若，認爲不能買製造電纜的機械，就先製造母機開始作業。當然在其出發初期，卽遇到困難而頗費苦心。在機械的設計上更遇到障礙。

原來日立由倉田以下，並無電纜製造的經驗者。一般情形應先去請教先進的其他公司。但先進電纜製作者當中，也有反對日立的電纜製造計畫的，甚至有人請其中止計畫。因此，在設計階段遇到障礙，卻不能請教先進的同業者。於是倉田等人就尋找各種技術書、吸取知識，努力的結果，終於畫出電纜製造機械的設計圖，卽刻購入材料，開始製造機械。技術知識不足，加上資金的不足，因此希望購買便宜原料。比如鑄造物是向最便宜的川口工場訂貨。但是接到貨物後，才知這便宜貨是雜亂鑄物。帶有氧氣或夾雜太多雜物，因此太硬，用旋盤也無法削妥，終於用鋼削後再以鑢磨平，費盡苦心。

一事難則萬事難，製造哪一樣機械都遇到挫折，想到資金的運用又不敢放鬆。因此倉田等依照技術書內知識，夙夜匪懈地努力製造機械。半年後的一九一八年三月，好不容易試轉機械，但又告失敗。

由於是缺乏電纜製造經驗的人所設計，又只是外型相似的機械設備，加上操縱運轉機械的人亦無經驗，所以母機雖然製造出來，卻不知性能是好或壞，無法判斷是否適用，所以再次運轉又告失敗，以後也曾繼續失敗。但俗語所說：「皇天不負苦心人」，「失敗爲成功之母」，多次試轉，經過五個月後的一九一八年八月十日，終於成功地製造直徑三分的粗線。因其品質良好，在一個月後接受粗線一萬貫的大量訂貨單。

「滴水穿石」、「有志者事竟成」，艱苦奮鬪了一年終於成功了。但是在此值得特別注意的是——一九一八年三月二十五日的第一次試轉時，倉田作成有關製造電纜的詳細事業計畫書，經過小平認可。現在看其保存在前記的倉田文庫資料，其事業計畫書包括售貨計畫、營業戰略、收益計畫書等。其收支計算書分為十八萬斤（一百零八噸）、二十八萬斤（一百六十六噸）、三十八萬斤（二百三十噸）、四十八萬斤（二百九十噸）的四階段，而且詳細記載達到各生產額的收益計算，各階段有其必要的各種計畫。當時倉田只是一位二十八歲的青年技師，且其在工廠的正式身份僅是製作課的電工管理員而已。想到這一點，眞令人驚奇倉田究竟何時學得企業經營的才能？這就是日立的人才教育模式所賜。日立創業者小平浪平自創業以來，對企業經營之要求很嚴格，希望技術者也要精通企業經營售貨、勞務等智識，於是徹底教育部屬這些知識。

而且小平特別強調並要求社員：企業經營的基礎在於原價的計算。這些認識是正確的，且他徹底的執行了。又機械製作這類重工業，工場和營業、技術和銷售，要密切的聯繫，是項重要觀念。他對社員要求切實實行。如上所說日立創業以來的傳統中，倉田也學得一般的企業經營和銷售的知識。再看倉田備忘錄記載著：「在擔心物品能否製造出來的同時，已經考慮到製造很多物品時應如何銷售？又有關事項是什麼？」這是日立精神的發現，也是青年人熱情洋溢的充分表現。有一句話提到：倉田認爲想做就有可能實現。這正是日立精神的實踐。在此要特別介紹的是倉田當時留下來的備忘錄（口袋記事簿，全八卷）。其中除了從日本及外國的技術書抄寫下來許多有關技術的記載以外，當時的員工生活資料、關於資金支付方法的研究論文、且擬提出東京市參事會裁決的電燈費用漲價、其他……上列事項以類似活版字的字體明顯地抄寫著，可見其用心之週到。

說起來那好像是當然的事，倉田不只將電纜製造做本社消費的需要而已，連將銷售給他社的事，也於起初就納入計畫內。凡是他認爲必要的資料都用心搜集，而且用活版字的字體作成詳細的記錄。這證明倉田做事有板有眼、精密週到。還有一點特別值得一提的是帳目方面，除倉田本人以外，其他人也都能從計畫書中正確的讀出其資料。也就是如果自己萬一發生什麼事，其繼任者也不必浪費時間，能很快正確的掌握狀況、繼續工作。這些愼重的考慮計畫，除了倉田是無法做到的。

這個計畫，在辛苦的電纜創業中，看到輝煌燦爛的一段榮譽史。更可說，這個計畫支持了電纜製造的事業化。但在此還有一項不能忽視的是，爲這事努力的倉田主稅的生活方式。倉田如前面所說，爲完成這些極詳細的記錄資料，善用每夜回家後的時間作成，所以他努力的情形令人讚歎。倉田出類拔萃的事業化力，於日積月累的持續努力下開花閃耀。

四、事業化力的內容

幾年後，倉田這樣說：

「自己受信賴、負責從事的工作，爲了回報其信賴，非拼命完成這負責的工作不可。若能拼命去做，什麼事都有成功的自信。

經過二十一年的電纜工場時代，我在技術方面、經營方面遇到種種的困難，但我體會到不是眞正獨創的事業，就沒有眞正的價值。」〔倉田主稅著《都是污點的人生》（しみだらけの人生）野田經濟社刊〕

由倉田主稅的這些話中能學到什麼？雖然每個人有其不同的感受，但「不是眞正獨創的事業，就沒有眞正的價值」這句話，若非成功體驗的企業人，就無法說出口，這是大家可確信的。

在此根據倉田主稅的電纜製造事業，來探討事業化力是什麼。在金錢、設備、人、經驗皆無的狀況中，僅僅一年就能成功地完成電纜製造，並且成長、發展到今日的日立電纜，其背景是什麼？現在加以整理如下，最先應列舉出來的是「犧牲性命也要回報小平先生的信賴」，這種強烈的責任感。其責任感促使他遇到任何困難也會努力去克服以達成目標。這是他強烈意志力的表現。

另一方面，時常考慮到將來，連預備萬一時的計畫性也是其特色。對其計畫性，其他先進同業者認爲只是無謀的慘澹經營的出發點，但其有十分精煉銷售計畫之處，受到特別高的評價。由其計畫看出，只有日立的技術者才能具備企業經營與銷售知識，此點尤其不可以忽視。

倉田等著手製造電纜滿一年，成功的時候聽到：在其最惡劣的狀況中，得知先進製作者驚奇讚歎日立的成功，且在業界內予以高評價，並評價其製品品質的良好。先進同業製作者中，也有對日立大量訂貨的。因此周圍的人慰勞倉田等的辛勞，且有人勸他在此時休息，養精蓄銳。而倉田不但不休息，粗引線製造成功後，馬上開始計畫製造平角線、撚線、塗錫線、整流子片、綿卷線，更有在當時先進的其他公司完全未曾考慮到的鋼線，獲得小平的批准後，即開始從事這些生產事業。且不止如此。

倉田除在技術方面推展很多新計畫以外，還在勞務管理、企業經營方面也相繼開發新的手法並加以實行。例如現場作業員獎勵金方式的實施，爲了合理化的作業進行管理方式的開發及實施。

倉田在同業界常識中想不到的惡劣條件下，認眞經營電纜製造事業。僅僅一年中，爲什麼會體驗到超乎先進製作者的專門力，且能相繼創新構想，實行革新的經營？這個答案要由其殘留的資料中探索出來是很困難的。但是倉田比起其他人多做研究、多加努力用功是確實的。在此再補充一點，倉田在用人方面有其獨到的一面，由電纜工場創業時，一起工作的從業員，戰後在日立電纜工場內，爲了褒揚倉田的功績，設置紀念碑時，自動捐款令人感動的插曲可證明一、二。

倉田主稅本人，不喜歡標榜自己的業績，後來就任日立製作所社長以後也討厭露面。但是倉田要為電纜製造事業說話時好像很快樂，這些令人相信其在日立電纜創業時的活躍情形。

無論如何，在此所看到的事例，可以重新整理出事業化力的要點是什麼。

▼事業化力：在很多困難、障礙中，體現革新事業的綜合能力。

▼事業化力＝｛經營理念×（意志力＋資金力．信用力＋計畫力＋關係力）｝＋專門知識

（經營．銷售．技術）

以上列的構造式可以清楚地表示這些因素當中，意志力（實行力）所占的比重特別大。支持事業化或企業化只是一項所謂執著的觀念，但其執著觀念也需要有事前的事業計畫，方能成為眞實的東西，且絕不是只燃燒執著觀念就可以。

還有，現在所列舉的事業化力的構造式中的關係力，是指後面所說的支援者集團。且資金力不只表示資金量，係指包括信用力的資金調動力。讓我再次強調前章所說的構造力、目的選擇力、決定力、革新力要全部密切結合在一起。在此，另外再由一個角度來看成功的外在因素和事業化力的關係。

第二節 成功的外在因素—應如何獲得支持

一、安排成功的環境

要發起同業或企業人常識上想不到的革新事業時，誠如前面所說會引發周遭的摩擦。因此，週到的事業計畫可能因此而不能夠實行的事例也有。

這樣的摩擦，有在企業內部發生和在企業外部發生的兩種情況，但不管那一種，都需要有解除摩擦的策略。首先預想在社內將會發生摩擦時，要舉行事前的調整（向各方面連絡說明），非研究使計畫能順利進行不成。又，在企業外部將會發生摩擦時，應於開始具體的行動以前，向利害關係者尋求其諒解。換句話說，事業的推展，有必要先做環境調適工作。

但是這些事前的環境調整，大家已經知道，不一定會成功。所以一面預想現實在周圍會發出反對的聲音或妨礙的行動，一面不管如何必須先進行計畫，而且其事業計畫的內容，愈有革新性，愈須內部密切準備。準備完成之時，必須急速進行。可以預見的問題就此發生了：

首先，同業他社或先進他社的抵抗或爲難的行動可能發生，有時被指責攪亂業界的秩序而受爲難，有時甚或遭受強烈壓迫而中止計畫的情形也有。但是其事業革新如果是正當的，雖然革新性略爲過份，就算受到爲難，當然也不必中止其事業計畫。孤注一擲的經營理念，實行到底，期其成功。這時，最不可或缺的是其推進團體事業計畫的同伴，要能互相信賴。或許大家會說那些是明知的事，但我要特別指出的是，雖然大家應該知道，而事實上卻不能遵守，造成虛弱的後果。因此革新事業在計畫的半途觸礁，使其計畫在空中分解的事例也不少。

當然那並非事業計畫推展者的不對，而是外部（或企業內部）的行動應受批判。但調查這種事例，令人深感興趣的是：事業本身的內容似無缺點，但因爲周圍的反對，致使計畫的執行無信心的事例當中，往往是遇到反對行動，而發生內部的腳步紛亂，終於無法實現。

這個時候，當事人因不願意放棄其計畫，於是辭去公司職務，堅持其計畫以自營事業化而成功的事例也有。不過大多數這類構想始終收藏在倉庫內。

在此舉出現實的事例，說明現在所說的事業計畫和摩擦的關係。爲免介紹目前的實況恐有礙他人，所以以江戶時代的實例來做探討。現在以前述的越後屋、三井八郎兵衞高利做爲例子。

二、越後屋的十四年戰爭

三井八郎兵衞高利在江戶日本橋本町，舉起吳服商——越後屋的招牌是在延寶元年（一六七三）的事。其革新的商法，不只當時的布商（吳服商）、一般的零售商也都認爲是超乎常識的做法。但是顧客皆大歡喜，歡迎越後屋的商法。不久越後屋店內整天客滿，成爲江戶的風評。那時以冷淡的眼光看越後屋的同業們，終於不能忍耐，再三向越後屋抗議要改變其商法。越後屋並不接受，相反的確信自己的商法而積極加強推行。

因此同業者均表憤慨，更抱怨越後屋搶去顧客，指責其：「破壞同業的規則，不准那樣隨便訂價格」、「如此便宜價格，影響了大家的生意。」大小聲的叫囂由業界發出，聲明凡是和越後屋有生意往來的同業，全部拒絕來往。但越後屋本人並不在乎那些。

雖然和同業停止買賣，但越後屋在京都也有買入店（中盤店），所以不會發生困難。且京都的大賣店和生產者們，歡喜在江戶的越後屋商法，支持其「流通革新」，相反的也有增加出售給越後屋的。因此同業者等困於現狀，實施進一步的手段，擬收買越後屋的店員，令其辭職。但是越後屋的店員，對其主人的新商法頗能共鳴，所以一點兒也不能使越後屋發生動搖。

有趣的是在背後用這手段、用那手段想要阻礙而失敗的同業者們，怒髮衝冠，竟在越後屋的廚房前，建公用厠所，以惡臭攻擊之。同業用盡所有攻擊手段，終於使受到惡臭攻擊的越後屋無法忍耐，暗中在駿河町購買房屋準備遷移。在這遷移的同時，積極推出「不二價現金拍賣」的大宣傳，終於造成一連串的騷動，使江戶一般民衆庇護越後屋，所以越後屋愈加興盛，最後成爲江戶第一的布商。

同業們對越後屋的討厭，雖然迫使其遷移到駿河町，仍繼續施予攻訐，且以惡劣商法為由告到法院。但貞享四年（一六八七）越後屋被指定為幕府（政府）的吳服（布商）御用商人，所謂十四年戰爭，終於在越後屋勝利後結束。

對這個越後屋和同業他店間展開的十四年戰爭，我們該學到什麼？筆者想出下列一句話：「任怨分謗」（有難同當）。茲再加以補充說明：

「任怨」就是決定要做新的事業時，雖然會引起他人的憎怨，但絕不退讓的意思。「分謗」就是雖然受到他人的憎怨，既是一起結合為同志而開始創業，就要團結一心來接受憎怨的挑戰。無論發生什麼事情，都不要離去核心、放棄中心人物而逃避的意思。越後屋就是依照「任怨分謗」文意的一幕代表戲劇。這除了證明越後屋上下團結一致的結果外，還有一個事實——由於京都的批發店和生產者的支持支援越後屋的商業，所以越後屋的江戶店能夠繼續打十四年的戰爭，這是一項不可忽略的因素。

創立革新的事業，為了要成功，不要忘記外部要有支持的後援者。所以前述事業化力的結構式包含「關係力」。在此再深一層研究下去。

三、擁有私設後援團

日本大學的侯賀襄二教授，於日本經濟新聞連載的「我的履歷書」中，詳加分析一流企業經營者的經歷，探討其成功的秘密。他繼續在做實驗研究。而侯賀教授將其研究結果，整理成一本書《一流經營者的路》。其中最耐人尋味的一點是「成功者一定在外面，具有利害關係者集團、受其利害關係者集團支持而打開危機，或者獲得機會而成功。」

外部有利害關係集團、私立後援團，其人數愈多，則事業家、企業家的成功率也愈高。若有幾位大人物在其私設後援團中，則這種人於我所謂的事業化力也就不同。

舉二、三例做爲參考。原安三郎（日本化藥社長）終生擁有山本條太郎（元三井物產常務、滿鐵總裁，已故）的支援。又，高崎達之助（元電源開發總裁，已故）有小林一三（阪急創業者，已故）和鮎川義介（舊日產關係企業的所有者，已故）支持他。又新力牌的井深大（現任顧問）有野村胡堂（作家）和佐藤喜一郎（元三井銀行社長，已故）支持他。井村荒喜（元不二越社長，已故）有伊藤忠兵衞（伊藤忠商事、丸紅創業者，已故）支持。而伊藤忠兵衞有井上準之助（元日銀總裁，已故）的支援。

侯賀教授指出這些事實之後，到底支援者看重什麼才予以支援——對這些事例也做了分析，引用前面所寫做參考。

1. 做一個企業家的先見性和力量　六四（事例）
2. 有將來性的青年　六一
3. 人格　四六

4. 同志的感覺　四二
5. 個性（本性）　三六
6. 製品的優秀和成長性　二三
7. 企業的成長性　一八
8. 觀念　一六
9. 同族的信賴性　一五
10. 工作的熱心　一四
11. 做一個企業家的尺度　一一
12. 有將來性的孩子　六

大人物會做私設後援團的理由很多，但做一個企業人，看上其資質、企業、製品、觀念的優秀和成長性的理由較多，令人感到頗有其道理。

原來，大人物是愛好有野心、有理想的青年，那是回憶起自己年輕時代的形象使然。不過爲推銷自己的觀念、構想，將自己的理想推銷給大人物而事業化成功的，不只新力牌創業人井深大一人而已。一旦對於他的能力與經營理念有了認定之後，那些一向融資條件甚嚴、遵守原則之銀行，也會主動地貸款給他。甚至如同做夢般的事也可能會產生的。

舉一個例子，三洋電機的創業者，故井植歲男的情形，就是此一典型的事例。

四、資金量不如信用力的重要

那是一九四六年十二月——第二次世界大戰剛結束的事。井植歲男為救其被GHQ流放的義兄松下幸之助，使松下社長再建公司，辭去已工作三十年的松下電器。他辭職後準備要獨立，但最重要的資金調度不如意。四十三歲的他不只如此，當時尚借有三百萬日元的貸款。想要獨立，事實上似乎是不可能的事。那時，井植接到住友銀行西野田支店叫人的通知（住友銀行西野田支店是松下電器的主要出入窗口，而且是井植的借貸主）。前往請教，支店長令人意外的說：「聽說你已經獨立，情形如何？以借金為擔保借給你錢，意下如何？」

對這件事，後來成為大型經營者而知名的井植也感到驚嘆，所以對人說：「大銀行請你工作，叫你去銀行貸予資金，那裏有這樣令人高興的事？這證明我還保有信用，有人要支援我。對了，我應該開始做全世界二十五億人們愛戴的事業。」無盡的感激和夢境一起湧上來。可知當時他的感激、感受是何等的大而深。擔保是三百萬日元的借金證書，新規融資五十萬日元。整理其他私有財產有七十萬日元，合計一百二十萬日元，以此設立三洋的前身——三洋電機製作所。這樣如同幻夢的話，到現在仍留下甜蜜的回憶。

「銀行家要融資時，首先要看的是當事人。有時候當事人的情形是唯一的決定條件。會說謊的人，或者誠實的人，是其判斷的要點。如果其判斷為誠實的人，就會乾脆融資給他。」

這是住友銀行堀田庄三顧問所聽到，有關銀行家判斷人物的要點。這好像就是明治以來銀行家的尺度。例如明治的大銀行家涉澤榮一（第一國立銀行，現在第一勸業銀行的母體銀行之一的創業者）曾說：

如果有人這樣說：「雖是有希望（值得做）的工作但無資金，我認爲那是愚蠢的。因工作如眞有希望，而且其人若有信用，不應該不能調度資金。」他更強調說：「如果眞是有希望的事業，一定能調度資金。」這只是強調基本的想法，並非適用於所有的場合。但是無論如何可以了解，資金的數額不比包含信用力的資金調度力來得重要。又如京都的陶器稻盛和夫社長，當初由支援者出資給他設立公司。日本警備保障的飯田亮會長也同樣，當初其資本金四百萬日元是由信用金庫借出的。

由前述日立電纜創業情形、新力牌的情形，及京都陶器、日本警備保障的情形看來，資金本身並非決定事業化成功的要因。說不定在那裏有事業化的趣聞。但是在此對事業化的執著和有魄力支援者的人格（做人），從革新事業的計畫中明顯的可以看出。前面提到的侯賀教授如此強調：「成功的外部要因是利害關係者集團，受你內部要因（性格、先見性等）的誘發而發起行動。所以需要去感動利害關係者集團的行動力和吸引那些人的信用力。」那麼首先要磨鍊實力，且要具有先見性的力量爲第一。更要以具有「將來性的青年」的好印象來樹立人際關係。既要具備好的人格、令人尊敬的爲人，又要具有實行力根源的本性（個性）。當然那是充滿好意的勸告，絕對不是強迫推銷理想的企業人形象。只因爲略微加重些條件，所以或許有人會略覺討厭。所以下面再由別的角度來看，看起來像是平凡，當中卻有眞實。在企業社會，失敗好幾次的過程中，逐漸體驗事業化的綜合能力，使其穩重落實。

五、事業化力應如何磨鍊

企業人要具備事業化力，應如何磨鍊？現在由後臺的話開始說。我要整理本書的當初，曾向幾位經營者和企業人請教過這個問題，但其回答不是我所預想的。大部分人的答覆都認爲唯有經驗、再經驗，別無他法。所以重加思考，認爲是當然的指示。一項事業革新計畫，是從前在常識上未曾考慮到的，且需要超越種種的摩擦和障礙而後實行。要培養使事業成功的能力，若只在桌上演習，當然無法得到實際的體驗。追根究底，事業化力是經過好多的考驗，在其過程中方能體驗出的特質。

其次，重新觀察工商界，任何企業爲了要使社員體驗事業化能力而不斷努力，如果發現有潛力的人才，逐步將這些人才安排在某些重要部門，實施「特別訓練」，藉以培養人才，這種企業頗多。其原因當然是考慮到令其直接面對種種的問題、處理問題，使其提高做一個企業人的綜合能力。例如旭化成的宮崎輝社長，看到深具潛力的人物，就安排在較多困難問題的新規計畫部門，且清楚的提示其方針。能推行此尖端做法的也大有人在。

依據克勞塞維茲《戰爭論》，在戰爭不可欠缺的基本精神力，也就是將軍的才能、武德，以及軍隊中的國民精神。在不斷的活動和辛苦的環境中培養出來，使其在勝利的日光中萌芽、茁壯。而一旦成長爲大樹，就具有強壯的能耐接受失敗或戰敗等任何風暴的考驗。同樣的道理，處在企業戰爭的企業人也可以用旭化成的模式，對有將來性的人施以特訓，這有如克勞塞維茲的理論在戰爭上的運用。

事業化力是作者原來所說七項構成「經營力」要件中，最難體驗、培養的一項。無論如何了解，在現實的應用上也不一定能妥善運用。更淸楚的說，只有以「大腦理解而已」的事業化力，可以說在嚴苛的現實企業社會中，幾乎完全無法發揮效用。到前章爲止所說的構想力、目的選擇力、決定力、以及革新力都與事業化力根本上有顯著的差異。如果最初對這些有所認識，在現實的企業社會，其應對處理方法自然也就有差異。比如每次遇到困難，就當做是培養事業化力的絕佳機會，使其能繼續維持發展下去。又外部後援羣的培養，就是強化自己關係能力的行動，也會自然而然的體驗到。爲愼重起見，不厭其煩地再次提到，實在確有其必要性。

第七章 組織力——新領導者的條件

第一節　組織力是什麼

一、實務派領導者的擡頭

「以石油問題一項來看，將來究竟會變成怎樣的時代？日本經濟的未來情況能明確預測的人，我想一個也沒有。當然，以日本人的敏銳、勤勞情形來看，到時候路自然會通，所以我不抱悲觀看法。但對企業人來說，時代愈趨向於嚴謹，這種趨勢有必要考慮。」

前曾遇到住友銀行堀田庄三顧問（名譽會長），向其請教：「對日本經濟和日本企業的未來，您的看法如何？」對筆者的問題，堀田顧問如前述的回答。確實對將來不必有悲觀的看法，但經營環境會比過去任何時代嚴謹、緊張。回顧過去令人心身感到緊張。

爲適應時代的需要，工商界於八〇年代的初期，重視員工陣容的強化逐漸普遍。現在重新觀察工商界，引人注目的是起用年輕人。再觀察拔擢組，特別令人注目的是：不管自己或他人都認爲有將來性的實務派人才都會擡頭。再探索其共通點，對實務強、而且理論也強的型態；再看其經歷，約三十歲左右的人，逐漸經歷重要職務是其共通點。但在此特別引人注目的是主動出擊這一型態的人，相繼就任尖峯的職務。

以日清紡織的中瀨秀夫社長、三井物產的八尋俊邦社長、野村證券的田淵節也社長爲代表，迄今保守、強烈而尖端多的金融界也不例外。這一、二年期間，實務派具備主動出擊者較得意。如果說理髮刀型，不如說日本刀型的粗骨型態者能繼續就任尖端職務。以通俗的話來說，所謂「口才流利、腳足銳利」的實務派的型態齊集。可形容爲若接近就殺，若不接近，由這邊也要迫殺，全是這樣的人物而已。現在舉其代表，有日本興業銀行的池浦喜三郎總經理、富士銀行的松澤卓二總經理、住友銀行的磯田一郎總經理、三和銀行的赤司俊雄總經理、以及三井銀行的關正彥社長等。每一個都具有強烈的個性，從年輕時代就令人注目，認爲是下一代有希望的人物。這些實力派總經理，好像具有上天賜予的特質，全部具有實務派型態的特點，令人強烈感受到時代的變遷。

尤其這個實務派尖端人物的擡頭不只日本而已，歐美也相同。尤其在美國，神所賜（先天氣質）的猛烈經營者相繼退陣，代之而起的是效率第一主義的能吏型經營者的擡頭已很明顯。這是由於工商社會的複雜化。另者企業經營的危機顯著的增加也是原因。此外關於日本的實務派尖端人物或領導者的擡頭背景尙未明顯。唯其背景和歐美並無太大的差異，所謂上天賜予型經營者時代漸爲實務派能吏型時代所取代，這好像是工商先進國的共同現象。

其意義如何？擬由第七章開始探討這些事。

二、普路哈蓆（Poalu Hashei）的定義

對企業的頂尖人物或組織領導的需要條件是什麼？這個問題自古以來，就有很多人研究討論，但到現在爲止尚無定論。且因其時代之不同，所要求的條件也多少有所差異。其中一般所稱的是：

1.正統（當）性＝也稱爲地位力。在該組織內的一定地位，所具有的權力。

2.上天賜予性（所謂教祖性）＝先天的本質。

3.專門性。

——就是這三項條件。這三大條件尤其是企業尖端人物的條件，並非對中間管理職那種組織所要求的領導條件。無論如何，前記三大條件中，先天本性最爲重要。事實上巨大企業的實力尖端人物是將其先天氣質，以神秘的頭巾包著，有如在雲上而君臨指導其下屬。但是前面已陳述過，在這數年來，由於工商情勢的變化，經營環境的變化中心，先天本質的猛烈經營者，在許多國家都已相繼退陣，特別是在歐美，能吏時代已拉開代替的序幕。在這裏爲供參考，將這些能吏型尖端人物所具備的共通能力列述如下，此即有名的普路哈蓆分析。依據普路哈蓆分析企業尖端人物的能力，是由下列七項構成（小林董論文「先見經濟」一九七九年八月十三日號）：

1. 正統（當）性：前面已說明。

2. 當事人固有力：領導者本身的人格資質表現出來的能力。由人格、魅力、嗜好、特長等表現出來的特質。

3. 專門力：特定的專門能力、技術、技能、知識等所表現出的能力。這些力量使他人的行動容易發揮，因此令人服從。

4. 關係力：組織內外的主要人物或者受影響力強的人的緣故所發出來的力量。

5. 情報力：領導者或一定的人，持有他人認爲貴重的情報，或能接近情報可能性的源頭（根源）而發出來的力量。

6. 強制力：能強制使人實行之力。在日本所謂賞罰當中，這些重量也就是決定罰的重量。

7. 報酬力：和強制力大致相同的作用，然側重在賞的方面。

以上，普路哈蓆的分析並不包括前面所講絕對應有的先天性條件。那些和本來的能力分析不同，有令人較切身的感覺。但在此提出一個問題，普路哈蓆所說的七項能力認爲是「組織中的權力」，而企業組織的尖端人物，則看做是組織的支配者。

無論這是歐美的組織觀或者組織尖端觀，由所謂日本的經營觀念來看，頗有異調感。所以我們需要從與普路哈蓆的七項能力不同的角度，來看日本的組織尖端人物或領導者的條件。如果由現實企業社會來求取其答案，則可以看出和歐美式的管理者型尖端人物不同的所在。現在舉一事例做爲研究參考。

三、否定權威的住友銀行、磯田總經理

這是一九七七年六月二十九日——安宅問題解決了以後的事。此日住友銀行正式決定尖端人物的更換，磯田一郎就任第十三屆總經理。他就任總經理同時，以自己署名的大字公告紙，公告否定總經理的權威，異於尋常的特例。現在介紹當中的二、三行如下：

「由總經理以下所有的職員並非權威，而是爲進行工作所需要的職務」

「最重要的我認爲是團隊的工作」

「我喜歡以大聲相互打招呼」

「我的辦公室經常開著，希望時常聽聽諸位說話的聲音」

這些呼籲之文，目的在消除總經理頭銜的權威，以磯田一郎署名的公告紙，揭示在全國的支店、事業所。如以探索的心情來看，會認爲這只是令大家對住友銀行之誕生有一種新印象的策略而已。當時我向磯田直接請教其眞意，他說：「我並非銜著銀湯匙出生的。」磯田如此強調他不是與眾不同之人。事實上，「總經理並非權威，乃是爲執行其工作而設的職務」。他這樣想，並希望充分盡其職責以達成其任務。

對大銀行的總經理，一般人民當然認爲很有權威，而服務在其銀行的一般行員更會認爲總經

理是在雲頂的人，被神秘的頭紗包著，被看成是權威的象徵。但是如果是那種印象的總經理，要建立起理想的住友銀行是不可能的。他因這種構想而否定權威，且由這權威的雲頂一步一步的走下來，去巡視支店，和一般行員互相談話，以新總經理的姿態登場。因此為了安宅問題失意的行員們，一下子恢復了光采的面容。

當時有一位高級幹部行員對我如此說：

「現在住友銀行在往年有名的橄欖球選手磯田（磯田總經理在第三高等學校、京都大學時代過了六年的橄欖球員生活）領導之下，開始全面全力的出擊。因為有磯田，所以住友銀行的活力才開始萌出新芽。」

而……對磯田總經理本人，請其自評，他則以專門職員自任，要做普通性社交，自稱是平凡的男人。在此又重覆一次，他為什麼在就任總經理同時，大聲否認總經理的權威？對此重新加以探討頗耐人尋味。

首先令人注目的是，雖然說是大銀行的總經理，但是要像以前那種以權威式君臨組織是有困難——探討其因，這當然與目前工商社會較從前複雜，及加速化的變化不無關係。再說融資的計畫大型化，只以總經理的權威來做決定已有困難，也是其原因之一。而由住友銀行的磯田總經理的立場來看，其性格趨向討厭權威的人物，也可能是這位總經理就任同時，就由自己否定權威的異常特例的動機之一。第三點的個人的事猶可另當別論，在此值得注目的是象徵權威的大銀行總經理，竟然自己否定其權威，宣示總經理是工作上的職務。而且，周圍人們也加以認定，並以好感歡迎乙節，令人成爲飯後閒談話題。

那是說明企業組織是上天所賜的權威，或權力支配的時代已經過去，也說明了組織的構成員全體的意向、希望所反映出來營運的時代來臨了。又同時表示，組織的營運由上天所賜權威人物的手中轉移到組織裏面的時代已經揭幕了。

四、組織力是什麼

組織的創立並非以權威或權力來支配組織，而是以技術作組織的營運專業性技術。

而現在構成企業的所有組織，其營運的能力叫做「組織力」。這個組織力就是本書所研究的問題，構成「經營力」的重要力量就是能力，而其組織力的構造式是：

▲組織力＝〔當事者固有力＋專門力＋關係力＋情報力〕×α（經營理念）

——可以這樣表示。那當然和前面所說的構想力、目的選擇力、決定力、革新力、事業化力有密切的關係（不如說是建立在那些基礎上）。

尤其，現在所提到的組織力構造式，若加上普路哈席所說的正統性（地位力）也可以。又有人主張要加上強制力、報酬力。

不過，強制力和報酬力的含義，帶有權力和權威支配的色彩，所以將其除外。

還有不少人認爲組織力就是統御力或者指導力。但是其意義比組織力狹窄，所以作者認爲將其包括於組織力中較妥當。在此又補充說明，所有的企業人、組織人應具有組織創立的能力較爲理想。這些事，表現於近年的企業戰爭中。如計畫書中呈現著組織戰爭的字樣，就會令人充分了解。但請看現實社會，還沒有脫離支配意識、權威意識的企業人仍然不少，這是現狀的一項問題。

順便看德國著名的社會學者麥克斯·韋伯(Max Weber)，由這個支配力的關係，將組織分爲下列三類：

⑴依據合法支配的組織。

⑵依據傳統支配的組織。

⑶依據上天賜予的支配的組織。

這三項中，依據合法的支配組織是依照法律或規則所訂定而營運的。公司或官方的組織骨幹是韋伯所說的依據合法支配的組織，社員或職員屬於其組織的契約關係所維繫。社員或職員並非對他所屬組織的固有權利服從，而是對其所制定規則的服從。在這種情形，重要的是規則對誰在那種範圍應該服從，不受個人的動機或感情所影響。其特徵在於盡量去除各人主觀的因素來處理之。因此「合理性」最受尊重。就是以法律或規則，規定個人的行爲。

另一方面，依傳統的支配組織是「家長主義」的組織，重視自古以來的地位或身份、決定或命令通常依照先例而訂定。以家長爲核心的集團就是這種。

而依據神的旨意支配的組織是「領導者中心」的組織。領導者的資格，以其啓示性或英雄性、說服力（風度、辯才）等，內在心智的部分爲組織的基礎。這在宗教團體頗多事例。企業組織中，往往可以看到這個神賜（上天旨意）的支配組織，這種場合，其企業在順利伸展當中，可以充分發揮其效力。但是好像「第一外套」，有一次遭到逆境，其隱藏著的弱點，就會一次暴露出來。

無論如何，由支配者和被支配者的關係而成立之組織，雖具有其效率性，但以企業組織來看不能說是好現象。因爲企業並非單純在追求利益，所以借用日本偉拉的戶張誠社長一句話：追求「三項有價值的事」才是現代企業：

第一、凡對社會有價值的企業，則非對社會有貢獻不可。第二、在其企業工作的人，要有工作的價值、有活下去的價值。第三、在逐步實現其工作方面，經營者也非需要有企業的經營價值不可。

這是戶張所說具有三項價值的企業。這種企業不能由支配和隸屬關係的企業組織中產生出來。那麼，應如何才會使企業成爲具有這三項有價值的企業組織？在此往下探討。

第二節 應如何活潑組織

一、組織老化的五階段

企業組織原來就應該是陽性的東西，又爲了達成企業目的，希望時常圓滑地推動。但是血肉之軀的人類，時常會有些問題。比如克麗那準教授將企業發展分爲五階段，並指出伴隨著組織的危機（摘錄自《日美、經營者的發想》）

第一階段：依據創立者構想的成長。

危機：一人獨裁的弊害。

第二階段：經營專家導入的成長。

危機：權限委讓的混亂。

第三階段：依據事業部制度化的成長。

危機：由於分權化的派閥主義。

第四階段：由於全公司調整機關的成功。

危機：官僚的形式主義、繁文縟節。

第五階段：協同作戰、依據行列組織的成長。

危機：未能清楚早做決定的危機。

當然，這是企業的發展階段和其企業組織各階段表現出來的危機、問題所在。以一項典型的範例表示出來，所以不是說都是照其範例進行。但在組織確有其「興亡史」，其組織因誕生初期的背景或顧客的需要，或所配置的人羣像等的不同，而有相當的差異。由於時日既久，加上組織的逐漸變化，更加會老化，這是當然的趨勢。

組織的老化，一般發生的現象，大致如下列情形可供參考：

(1)外部關係：①主張的增加。②命令系統的混亂。③許多事故的發生。④不知道事故的增多。⑤借貸的增多等。

(2)內部關係：①派閥鬪爭。②職員等的亂行。③最高決策者的獨斷專行。④藉關係、事由橫行。⑤社員的公私不分。⑥規定、規則的不切實際。⑦流言煽動的橫行。⑧服務紀律的紛亂（遲到、早退、外出等）。⑨不忠實、違反信義的頻頻發生。

又其他方面，如內部的告發，發生偏激的勞工組織活動的逐漸擴大，最後在公司的受理部門或接待室發生暴力團、社會流氓、無賴等的橫行。這是一般老化現象出現的徵候。

以上所講的是一般性組織的老化徵兆。雖然以公司全體來看，可認爲是合格而健全，但在某特定的部門，開始老化、衰退的也有。不管如何，要及早發現其原因，及早謀求對策，果斷調整組織，妥做改革是必要的。在此提出一個答案：以創立者的立場考慮組織時，並非管理營運組織，而是以活用組織的觀點，來考慮組織。爲何這樣說？或者大家會認爲那是當然的事，但請看以企業再建而聞名的名人早川種三之說：「人類基本上充滿著工作的心願，所以『不工作』可說是『爲人』最感痛苦的事。因此從業人員若有不工作的現象時，需要發現其懶於工作的原因。消除其原因最爲重要。」

這就是社會上有名的「早川式再建術」的基本理念。他進一步說：「並非只有我一個人站在橋上，大聲呼籲大家「努力」。而要有跳進急流中，和大家一起游泳到岸邊的覺悟。所以團隊間門要開著，不須叩門，讓大家隨便可以進來才對。」這樣的經營實踐記載在裏面。

早川是眾所周知的，他著手重建東京建鐵、日本建鐵、睦屋、油谷鑛業、有樂頭巾中心、日本特殊鋼、佐藤造機、與人以及其他企業，當然每一項都是於短期內再建成功，令人讚歎。關於早川式再建術，大家在風評中，時常聽到對債權人的弱點，以流淚戰術進攻。但是其再建的基本，是在人情味濃厚的浪花節（日本花開的一種）期間，灌輸人們的危機感。另方面向重建的最終目標，整理組織而表現營運的手腕，是有名的組織創立者。在那兒當然不是以權力或權威對待組織，也不會以力量來支配組織。

二、伊藤忠、越後方式的長處

不要將組織固定化。時常與外界客觀的環境保持連繫，適應狀況的變化而活用組織，將組織當作是活的有機體。最近所有企業都有這種共同的傾向。

例如要實施某計畫時，臨時由各部門抽出爲達成其計畫所適合的社員，會集在能力指導計畫者之下的方式，自昭和四十（一九六五—一九七四）年代以來，在各公司間廣泛的開始採用。這個計畫集團叫做「行列組織」，這個方法的特徵是各部成員，在一定期間，離開本來的組織而處理特命事項。當然完成其計畫之後，又再歸返原來的組織，即所謂「暫調」的一種。

以這個行列方式，置身特別計畫業務的人，有時候被認爲具有意想不到的能力。有時候這些負有能力社員的交流，超過本來計畫的目標而產生大的「副產物」，創出種種有價值的成果。但是有時候原組織的主管和借調人的關係發生惡化，有時候其主管不贊同這種計畫，而不願放出暫調部屬等，種種問題也頗多。

當然其長處就是不破壞原來的組織體系或各部門人員的安排，而能够實行其新計畫。一般對這個方式有好感且食髓知味，但若頻繁採用，就會使原來組織內的業務進度緩慢，甚至於影響到留守員工之情緒，產生不滿情況。

因對新計畫的成果期待過大，暫調員工不習慣新規業務，而削弱其能力的事例也有。特別是在計畫失敗時，問題就出來。因爲在性急的最高負責人過度期待下，開始只給與極少的資金，結果應負責者不願負責，而退社的經營者也有。這個時候，最高負責人歸咎於創立者缺乏能力以外，沒有其他原因。在此介紹一位名人，就是伊藤忠的越後正一顧問。這位「用人的名人」在任社長時，最早活用計畫團隊而相繼成功。所以前年請教其要領時，他說：想推展這種重要計畫，要掌握下列要領：

第一、在公司內若提出一項構想，最高決策者對此一事項，必須迅速決定是否採用。原則決定後，對提出構想的人，最高決定者宜直接通知之。如果不採用時，要將理由或疑點明確表示，並通知當事人，這是促使員工運用思想提出構想的要領。如此，最高決策者的反應迅速，且其決定直接通知提出構想的人，最高決策者和基層員工之間，就會有充分的溝通。

第二、決策者一旦決定依社員的觀點，決定要實行其構想時，最重要的必須將人、組織和資金這三方面，迅速組成公司支援體制。只有決策者決定要執行，其餘採取適當做法的姿態，但不投入人力，也不成立組織，資金又不提出的情況下，是做不出好的工作的。

尤其是全公司性的大型計畫，要使計畫的推行者容易推行計畫，採取全面後援的態度，是決策者最重要的事。

第三、最高決策者決定要做，而計畫也幸運的成功時，必須獎賞提出構想的職員。相反的，不幸失敗時，最高決策者要表現出負責任的態度。責任要由決策者承擔，功勞要給予職員，秉此態度，才是鼓勵職員發憤用心的原動力。

三、責罵不如作聲勢

這裏再提到與早川種三創立組織聞名，但不是以善用人而聞名的名人。爲提供參考再介紹一位越後式用人之妙。「責罵不如作聲勢」的方式，易讓員工心服。

第一、責罵員工的事，在社會上逐漸發生困難。筆者絕對不主張責罵，因對員工寄予厚望，所以才要責罵，時常將這道理說給員工聽而已。

第二、由於組織龐大，企業決策者不能夠一一去責罵員工。所以責罵不如作聲勢來得有實效。對業績的伸展用心而苦惱的部、課長，如果公司內的員工工作氣氛旺盛，受氣氛的影響，員工對工作自然會做好。試想那種氣氛如何培養，使之在公司中成爲氣候？這是大公司的最高決策者，要順利領導其大組織的重要工作。

再說，這位越後顧問用人的巧妙，名創立者的形象好像是由伊藤忠所首創。他又向伊藤忠兵衞學習，而伊藤忠兵衞據傳是學自中國兵法，以所謂「激流之計」爲基礎，掌握其要領而學到其要點。

部下之中有歧異分子，若宣布什麼，那位部下就阻礙之，並加以攪亂。這個時候，雖用盡心思謀求對策，不如培養一股氣勢。這個氣勢若大，那麼這些歧異分子也會被捲入這大氣勢之中，這就是「激流之計」。茲介紹孫子培養團隊力量的幾種要領以供參考。

第一、爲使大家的「心思專一」，應明確地揭示宣傳口號。

第二、將力量凝聚再一舉放出。

第三、由部下當中選出對這次計畫積極贊成者。並且積極推進，成爲全體的聲勢。

以上三項，孫子最重視的是第三項的活用，積極指派人選爲主導任務者。聲勢若大，一旦形成激流，個個的問題、或歧異分子的跳動等就不成爲問題。

關於人選問題，首先有異見的分子要排除，其次是無信念的人，再者周圍缺乏信心的人也要除外。而選用身旁能信賴的人及有信念要處理問題的人爲中心，以做爲組織的領導者而令其展開活動。這就是孫子所強調之點，也是創立者的心得。但是這些在現實上又很困難，雖然頭腦能理解，但做出反效果的企業家仍然不少。

四、過大的期望會招致失敗

茲以確實在第一部上場的光學機器製作者爲例，提供研討。當時流行的計畫團隊，在公司內爲開發目的而做的當事人（假設爲A），其經驗、能力受肯定而被共推爲領導者。

但問題是公司方面對其新計畫團隊的期望過大。其實這些暫調的成員，全部對新規業務都不習慣。人選是由人事課負責的，所以對其基準不一定知道。但看其成員的陣容，是由全國各地的場或研究所暫調來的，雖算齊集，但以組織來說，是不成體統的。說得不好聽，是因爲人事課獨斷的人選，只是聚集團隊。其實要編成這類的團隊時，負責領導的人也應該提出各該人選的意見，才能找到適合其工作內容所需要的人選。由於出發點的偏差，人才方面無法安排適當。雖然也有優秀的成員，但與開發內容無關的專門人才卻也不少。

擔任開發的重要負責人雖直接與成員談判，但因人事的決定，是由最高決策者所議決的人選，當然無法再講什麼。故重要負責人Ａ業已看破這點，因而對分給各人的任務，雖依照計畫著手進行，但是終歸失敗。性急的最高決策者，又過份的期望說：「還沒做好嗎？快完成！」如此急著催促，使本來充分鎭定構想出的好工作也不能做好。再加上實際上只給與貧弱的開發援助資金。總之由於人、時間、金錢的不足，三項都無法配合的情況下，又有什麼成果可言？所以Ａ於失敗的翌日，決定向公司請辭以表示負責。

這個事例包含各種的教訓。第一，目標並無不對。不採取固定的組織，能時常和外部環境保持關連，並適應情況而機動變化，須組成這種靈活的組織團隊。再以人選來說，人事課「由全國網羅得來的」這個目標應該也是正確可行的。

但是問題在於最高決策者要實行這種計畫團隊立場的規則，只知道其中途半端（一知半解），於某部份表示理解卽著手實施。但在同樣水準的另一重要部分，有了缺陷卻無從發覺，且周圍也無人予以暗示。

由別的立場來看，這個失敗是因大企業所表現出來的缺陷。此一個案如果在中小企業，A一定會見社長，建議這樣執行計畫是不可能的。再就社長方面來說，若是A所說的一定會聽，但是大企業有好幾道束縛組織的巨大牆壁，所以要如何抉擇實在也是困難。

從這個大企業的立場來看，最高負責人之所以缺乏創立者能力，那是由於站在企業組織尖端的最高決策者以君臨的形態對待屬下。也就是採取以權威支配組織的形態，所以聽不到最下層的情報。潛伏著這些主要原因，當然公司就不能避免老化，但是不會注意到的最高決策者仍然不少。

五、松下電器、山下社長的情形

這點可以當之無愧的，是松下電器山下俊彥社長。他在一九七八年二月以「山下とび」就任松下電氣社長後，一開始明確指示的經營方針「組織的活性化」，最有價值，值得注目。這是山下認爲企業組織總會有可以想到的毛病。山下在某次會議席上提出的一般理論，是這樣說的：

「大體上看來，具有一項目的的公司，將公司的工作分開，本來就無道理，當然會發生騎在兩分野的工作。雖然加以調整，仍然會和其他的部門發生摩擦，使得哪一邊都想退卻，結果在那裏就發生間隙。但是這個間隙所需要的工作，有時候又格外的重要，所以就須設一個新部門（機構），但同樣的道理，又發生新的間隙。這樣循環下去，終於使公司的組織一直在疊床架屋。

這樣肥大化、而失去活力的組織內部，其工作的人們之中，優先考慮眼前的事，說實話的就漸漸減少。只關心自己的事能夠順利。只求表面上提出的問題，而眞正解決問題策略的勇氣就不足。使老化了的組織，不能產生積極性的作用。所以要促進其活性化，必須擯除長年累月積下來的垢點。」

結果他最擔心的是，這樣老化的組織，全部失去年輕的氣魄，變得消極而老態龍鍾，不做確實有朝氣有責任感的工作。其實在本職工作場合，於日常中就可以交換意見討論，正面的提出問題、訓練對策，由其他的工作立場求得協力，而得到實際行動最爲重要。積極向正面的風氣每下愈況才值得憂慮。

所以山下於就任社長時，卽用心圖謀「組織的活性化」，其效果已一步一步提昇。據稱除了山下，無人有如此具魄力的做法，特別是贏得現場員工的好感。這是因爲他能親身體驗瞭解那些太陽照射不到的基層，在現場默默努力的員工的辛勞，所以能促進組織的活性化。

前曾遇到久未見面的山下。感覺他比就任社長時成長許多，並對他充滿自信的態度感觸不少。但若知道他原來就是有名的組織創立者，就會領悟山下的爲人，知道他的實力及何以受重用——這事再一次給人很多教訓和啟示。

總之，爲了使組織時常保持活生生而新鮮的「活性體」，身爲最高決策者，於日常就要培養組織評價的眼光。由現場觀察時，組織應該如何推展，下層工作人員的看法又是如何，不能不重視這些事。而其結果若是提出變更、廢止，對一般社員來說，雖保持沈默，仍然要加以重視。

但眼光不能只放在組織的內部，因爲組織會隨時代的變遷而發生改變。特別是今日的世界，環境的進化一日千里，組織改變的速度應配合時代的腳步，組織有變革才能保持其活體化。在這種意義中被迫變更，因不得已才變動組織時，應該反省自己對組織評價的眼光不够。最高決策者應早就察覺到時代變化的徵兆，對組織革新應有先見之明，負起回饋創新組織的責任。

總之，由現在起，不要疏忽現代潮流的微妙，要掌握反映其潮流中的組織，負起領導組織的新工作。

六、組織家無天才

如果說組織家就是 organizer，那麼一定有不少人認爲組織營運的高手，必在出生時就具有特別的天分。但是歷史證明，組織家並無天分。比如說創立組織、打倒被神格化的英雄，並非是特別優秀的天才，大部分是平常的凡將，這是值得重視的。例如威靈頓將軍或艾森豪元帥並非稀世的天才，但是他打倒了拿破崙或希特勒。

在這裏能說的是，這些勝利者共通點是運用組織力有其特長。以其個人的能力來說，當然不及被稱爲「英雄」人物的腳邊。但是其善用、活用組織的綜合力是勝過他們的。觀看我們周圍，並不能找出天才或英雄，所可期待的典型，有威靈頓型指導者，以及艾森豪型組織者就不錯了。

孫子曾說：「勝兵先勝而後求戰，敗兵先戰而後求勝。」「古之所謂善戰者，勝於易勝者也。故善戰者之勝也，無智名，無勇功。」

眞的勝利者，不做無謂的戰鬪。可勝而得勝的戰鬪，可以說是確實勝利的信條。英雄是超越絕體絕命的苦境而得到勝利，因此得到勇名這種無謂的戰鬪，不一定得到勝利。一方面並非自己的勇名，想以組織戰勝的指導者，一定是愼重、冷靜的，且時常對當時的狀況以客觀的眼光深入觀察。一旦開始行動，則一步也不退避。這就是孫子所說的名領導者的條件。當然這種冷靜在名組織家也有必要。

組織不能隨便組成，也不能隨便插手更改。組織之組成或修改要有相當明確的目的，且必須配合適當時機。但以現實來看，常發現有能力就急著亂設立組織，或改變組織。大家或者知道，自稱爲天才的組織家，或創立組織的能手，不無危險。

那些人的最大缺點，是將組織成員當做消耗品或商品的人，而不想去瞭解人活著的意義的重要性。所以爲了組織的活性化而亂改組織，當然那只有產生反效果而已。

七、組織和個體的關係

要構成組織時，領導者須時常把優先考慮個人事情的念頭放在腦中。但是領導者或組織家的腦中，往往只有全體組織的事。比如說，對個性強、不易對待的成員總是說「揮淚斬馬謖」，而容易將責任轉嫁給這些人。

當然從開始就不良的社員，那就另當別論。但對改變者、倔強者、一隻狼等風度不同的人物的處理，更要愼重。

總之，出類拔萃的具有專門能力的人，較多改變的情形。因見解不同、人際關係有問題，就以維持組織爲理由，而輕易放棄這些人，如此領導者可以說完全不理解組織的意義。爲了信念或能力，被人當做敵對的阻力，領導者就將這人放棄，那是領導者的失策。爲這種異見者的對待及處理而苦悶，正是對領導者的磨鍊，使其萌生創造的新芽。那苦悶的價值，就是磨鍊出組織的活力。

另方面，大多數巨大組織都有其既定的傳統（規則、習慣），沿其慣性而行動。所以大多數排除非同調者或異端者之類，如此就產生組織的僵化，因而不知不覺中，減低活力的情形頗多。例如在官僚組織，領導者大部分不關心這些。總以爲對現在的工作不停滯、無重大過失，能完成就可以。

就是放棄一位部下也不會發生什麼大影響。

但是組織家本來的難題就在此。

團隊內潛在的利害的對立、衝突，當然非排除不可。但是以長遠的眼光來看，那說不定會破壞組織發出的新芽。組織和個人的關係，其優先程度、維持平衡等，要如何判斷，需要時常加以考慮，如何發出組織的創造活力。

還有，決定人的行動要素是什麼?知道這些有助於處理組織成員的事務。行動科學的首創者卡爾特・雷敏（Carlet Lebine）認爲「人的行動是以人和環境的函數來表示。也就是人類行動的所有情況都是函數，不能掌握情況，就不能掌握人類眞正的行動」，而將這種關係表示如左：

B＝F（P・E）

在此B是行動，P是人、人格，E是環境。但在此所謂環境，並非指所接觸的客觀環境，而是行動人對接觸環境所掌握的「主觀環境」，這點須加注意。在企業組織中考慮的場合，對組織要做怎樣積極的協力，其姿態就是問題。再和當事人的協調性、人格、能力等(也就是P的部分)相乘，這就能將其人的要因規定出來。

例如發現組織無論如何對自己不習慣時，那個人的主觀環境指數就降低。當然其函數的行動電壓量就低。雷敏所說情況是以這個主觀的環境爲其主要的部分。

在A公司是無精打采的懶惰職員，離開後進入B公司卻成就令人刮目相看的優良業績的事例也有。這個人實在並非散漫懶惰的職員，是A公司的組織，不能讓他充分發揮其能力的「情況」使然。所以雷敏說人容易以先入爲主的觀點來判斷一個人。某職員對組織不忠實、對工作不認眞的原因，有時並非那個人的人格或性格的問題，而是「情況」所使然。

實際上這認識相當重要。但是社會上大部分的領導者，包括各公司最高決策者，都認爲其人的行動是由其性格而來。這件事情大家須加以探討。

八、組織家的條件

在此我列舉組織家或組織創立家的條件。好的組織家前面已說過，不需要特別的天分。但並不是說每個人都可以勝任。其理想形像，就是大人物型（有影響力的人），也就是對自己的專長有雄厚的能力、知識、經驗，另一方面要通達各方面知識，其經歷愈是多彩多姿，愈具備組織家的資質、能力。

當然這並非是一朝一夕就能做到，須經長久年月的培養，且企業最高負責人若非有意培育，是不能養成的。首先培育他成爲自己專門方面的強烈T型尖端企業人。然後，於自己專門的周圍方面，成爲大人物T，再成爲大人物、超級大人物，以這樣進展的過程較爲理想。當然這個超級大人物必須是對技術力、銷售力、營業力強、企業經理也強，甚至人事、勞務問題也強的人物，而其外部也有很多支持者、且能運用智慧計畫的人物，所以不容易培養。但最低限度要培養T字型企業人或大人物T型企業人，是最近各企業界的趨勢。比如大手商社在進行養成大企業人的計畫。尤其現在正是「令其多體驗各種職務而養成平衡的商社人」的階段，希望著手人材教育的商社頗多。例如三井物產自一九七七年四月開始，爲長期培養人才，實施「經歷開發進行計畫」規定「入社十四年期間要經驗業務三項以上」的基本準則。

再說三井物產的情形，其本來的方法，是將容易異動典型者作爲異動的對象。其結果，優秀的社員被遺忘（小看）的事例也不少。相反的，在特定部門被器重者在專門方面受忽視，結果被貼上無能的標誌而埋沒下去的人才也不少。依照這個計畫，較多的社員，能獲得較大幅度的業務經驗機會。

當然這樣的趨向，在其他業界也可以看到。例如松下電器要昇任課長職務的要件，最低要經歷三項以上的職務、職場。又如日立，主任設計士級需要精通企業經理，營業所長級需要經歷技術力的實際工作。這可以看做是組織家養成計畫的一種趨勢。正是新時代的序幕。

第八章　經營理念和經營力——企業經營的原點

第一節　企業經營和經營理念（＝企業經營的基本）

一、精神的同心圓和經營理念

到前章爲止，由六項的觀點來分析，深入探討經營力。現在將經營力根底的所在，即有關的經營理念重新探討看看。這裏所謂經營理念就是企業經營的基本想法，也就是公司爲了什麼而存在、應朝那方面進行的基本認識。是企業人使命感淨化時，產生出來的企業經營觀念，也就是原型、原點、出發點。那就是已經提到過的構成經營力的六項精神諸力——構想力、目的選擇力、決定力、革新力、事業化力。且不只和組織力有密切關連，也成爲各項精神諸力的核心。

換言之，首先要有經營理念，其次產生構想力，再產生目的選擇力、決定力、革新力、事業化力，接著是組織力。缺乏經營理念時，不但眞的經營力不能得手，連企業生命也受到威脅。所以經營力是經營理念的表現，其具體的意義是什麼？於下列重新深入探討。

筆者由於工作關係，會見很多的企業人，且出入各種的企業。發現不管企業規模的大小如何，凡是充滿活力而繼續在經營的企業，有幾項共通特點令人深感興趣。現在爲供參考，列舉如下：

⑴具備家族主義「和爲貴」的特色，而且珍重這「和」。（和氣）

⑵要說是活力嘛，能看到對事物處理的積極態度，同時又進行較其他一般的企業大幅度權限的委任。對職員的教育熱心而嚴格，時常施行適合實戰的實務教育。

⑶強烈的「危機意識」。由於社長以下全體員工體認非發展不可的心態強烈，因而共同努力。由此危機意識，可發現彈簧式的成長。

⑷由基層職員起到副社長爲止，具有善意的強烈敵對意識，可以看出互相刺激的地方。

⑸展開似乎要攪亂業界秩序的積極、果敢的戰略，而且其情形頗多。

——除上述之外，最高決策者若發出號令，公司全體員工就一起開始行動，亦是其共同處。

再巡視這些企業，不知爲什麼，由最高負責人起至最基層爲止都好酒，而且具有濃厚浪漫主義的趨勢，也是其共同點。講起來，雖然以合理性爲第一而繼續經營，但意外的，其背面有人情味氣氛的公司就引人注目。乍見之下好像矛盾，但是絕對不會令人感到異調感，相反的，情況竟然調和了很好且獨特的社風（公司風氣），更淨化了個別的傳統。在此進一步深入調查看看，想法不同，能力也有差異，而且各自工作的範圍也不同。但可以看出很多社員在某方面竟然有團結一致的良好表現。

一言以蔽之，社員較其他一般企業員工「愛公司之心」還要強烈。而那是在一旦經濟情況激變，即所謂正當面臨危機時，仍表現出一片赤忱忠心來。在此再深入研究其產生強烈的「愛公司之心」的來源——

那就是「精神的同心圓」是也。若再進一步探索其產生精神同心圓的根源，大家諒必已知道其中蘊含著所謂創業者精神。

二、「日立精神」的繼承方式

在此特別舉日立製作所的例子。日立製作所有前面所說過的所謂「日立精神」（由「和」、「誠」和「開拓」的精神所形成），它所有的戰略都是由這日立精神做基盤展開的。這個日立精神是以創業者小平浪平爲中心形成的精神同心圓。照東大教授岡本康雄所指稱，在戰前的日立經營者各層面，均以日立精神做爲支持他們實踐經營觀念上的原點。（岡本康雄著《日立和松下》，中公新書）所以戰前的日立經營者，在所有的機會都熱心宣傳日立精神，戰後也以所謂繼承傳統的形態傳到今日。在此應該特別提到的是，日立創業者小平浪平木訥寡言的領導方式，少由自己的口中說出經營理念，或以文章提及關於經營的事。因此爲什麼他們不斷地熱心宣傳小平精神，而成爲日立精神的結晶，是令人注目的理由。在此提示一項，日立的歷代經營者每當正面臨困難時，都會想「若是小平先生應會如何處理？」再由此做判斷、決斷、決定。從這些種種情況進一步想出最好的戰略，而交付執行。

上述在在證明小平浪平此人遠大的影響力。在此更要注意的是圖謀公司內思想的統一及活力的統一，有賴於創業者小平浪平的創業精神。日立的駒井健一郎顧問也這樣的說：

「如日立那樣大規模的企業，其思想或者根本的想法若不能一致，以形成不矛盾的經營陣容，就無法經營。所以在所有的機會都設法使其根本的想法一致。爲綿延培育小平的精神，所以不能跟上的人、反抗的人就會一一離去，這是不得已的事。」(摘錄自《日立和松下》)

在此整理其要點，爲了圖謀公司內思想的統一、活力的統一，就要強調小平精神，好像繼承傳統那樣相傳下去。現在他們都會掌握日立的入社典禮、社員研修或其他的所有機會來說明小平浪平的爲人。且以具體的形式，於起源工場的日立工廠內，建築「小平紀念館」以永久紀念。相傳更將前面介紹過的「創業小屋」復原保存以資紀念。現在的日立，總覺得小平浪平仍然站在日立團體的頂點，做戰鬬陣容的指揮。

三、「日立精神」的長處

茲再介紹小平的經營手腕。高尾直三郎（原來日立製作所副社長）曾說明小平浪平是這樣的人物：

(1)對經營方針堅定。

(2)富於實踐力。

(3)目標遠大，如夢似的經常懷著大目標大抱負。

(4)下決定快速。

(5)頗注意合理性。因目標大，所以不知情的人，認爲是不可思議的案件，但是爲了要達到目標，會做各種的調查、思索和計算。因其基於合理性、基礎又放在科學技術、經濟原則和人性上，所以說不會有考慮不到的案件。

(6)以數字爲基本，並不以差不多的態度做事。在日立創業當初的困難時機，就盡力以原價計算，營業也以其原價爲基礎。估計正確的數字後才做買賣，且預算訂貨金額，依據其數字做半期的經營方針。

(7)具有事務性，又有技術性。

(8)感覺好，給予人的印象也好，認眞調查的資料也很徹底。

(9)信念強烈而有耐性。

(10)遇到緊急狀況能臨機應變。

(11)重義理重人情。

(12)信賴他人並能適當寬容別人。

(13)公私分明。

⒁樸素節儉。

⒂不求名不求聲譽。公司規模之大、公司技術的優秀有目共睹。起初只以日本第一爲目標，日後逐漸被稱爲世界性的大公司。這完全是個人不求財又不求聲譽所致。

還有不認輸、具多方興趣而且相當愛裝扮。由此可見，小平浪平其人，對經營具有特別優秀的資質，在做人方面頗具複雜性格。

但小平浪平對事業的熱衷，在創業當初卽以日本第一爲目標，接著更以世界企業爲目標，此種經營形態實在値得注意。所以現在的日立成員常說：「這個小平浪平好像還活在人間。」其原因在此。換言之，小平浪平在創業時的目標、理想，現在依然是日立的目標、日立的理想。在那兒可以看出其「一貫性的原則」。

四、一貫性的原則

這個「一貫性的原則」就是美國哈佛大學賈洛布萊士（John Kenneth Garubles）教授在組織發展的基本條件中列舉出來的，諒必大家也知道。爲了強化此正確記憶，重新來看賈洛布萊士教授所講的：「爲了企業的成長發展、社會的目標、組織的目標，以及個人的目標，相互間不能沒有一貫性。」（都留重人監譯《新的產業國家》，河出書房刊）因有這一貫性的原則，才能使其組織的最高負責人和組織成員之間，產生所謂的「共鳴關係」。此共鳴關係可解釋爲：「社會的目標就是企業的目標，企業的目標就是在其企業工作的個人目標。」——產生這種關係時，企業人就會感覺到其工作價值與生活價值。相反的，企業的目標，若與社會的目標相反，企業人就不具備工作的價值，也就不具備生活的價值，這就是賈洛布萊士教授所說的一貫性原則。確實非尊重這原則不可。例如：違反社會正義的惡劣商法，經常到最後會落得慘敗的下場，只要一想起就可知是很明顯的事。換言之，站在重信義的日本商人原點上的企業經營，才是大家所要求的。以路基特航空飛機事件爲例來看，任何人都能夠實際感受到此原則的重要。

前年，路基特航空飛機事件表面化時，最初要掌握其全貌是非常困難的。但是不久其全案明朗以後，對社會是一大震撼。這事件的影響較預想深遠，由田中角榮首相開始，和好幾位政界的高級人員以及與超一流的企業都有關係，且是以世界爲舞臺的大事件。

這個路基特航空飛機案子是個仍在爭執而記憶猶新的事件。深入探究發現和該事件有密切關係的丸紅後臺，對路基特航空飛機事件的大膽做法，近似非常高明的非法買賣。

結果松山會長和大久保、伊藤兩專務三人失去最高職位，丸紅除招致形像的損毀外，還支出有關處理事件的龐大人力，以及無法以數字表示的無形損失。又受公共事業的排斥，也不能參加海外調查團，因此失去非常多的買賣機會。其形像損毀的後遺症尚未解除，卻在企業史上殘留了很大的污點。這些有形無形的大損失，對於那樣有名的丸紅來說是一大打擊。

事業的目的在於得到明確合理的利益，那也是一項社會責任。但是對利益的追求，手段必須正當。然而以目的來使手段正當化的想法是不能成立的。不論古今中外，這是企業界任何人都知道的企業定理、經營哲學的基本。所以一旦違反此定理，企業就被否定，認爲不存在。例如丸紅的情形，因爲它是大企業，所以企業本身雖得殘存，但是否定經營哲學的最高層職位的三人，其企業人的頭銜也被否定，這個事例不用說，任何人都會瞭解。

再說一次，諒必大家都已經明白：任何企業目標如果與社會的目標方向相反，企業就沒有存在的價值。當然以社會的目標，做爲企業的目標，也做爲社員的目標才更有其意義。在設定企業目標時，必須要有確實堅定的經營理念是理所當然的。

換句話說，社會的目標就是企業的目標，企業的目標也是社員的目標，所以社員的目標與其實際活動，和經營理念的體現化頗爲密切。在這關係上，企業和企業人方能存在。

松下幸之助所強調的也是這件事。松下說：「有了經營理念，其他各種的要素（統御力、決斷力、創造力等）方能活潑起來。」（前摘錄自《日美、經營者的發想》）這和前面的說明相印證，但特別要注意的是下面的話：「爲了要促進事業健全的發展，首先非具有這個經營理念不可。這是筆者經過六十年的體驗，才親身實際感受到的。……因此筆者想到關於使命（生產者的使命）的實質，將它對從業員工發表以來，即以此做爲公司經營企業的基本方針來經營事業。那是在戰前一九三二年的事。具備此一明確的經營理念的結果，筆者比以前更有堅定的信念。因而對從業員及顧客，體認到應該說的就說，應該做的事就做，能夠做強有力的經營。從業人員聽我發表意見也大爲感動，大家燃起使命感而產生認眞經營企業的形態。亦即是全神貫注的經營狀態。以後連我自己對事業發展的快速也感到驚奇。」

在此特別要加以叮嚀，當揭櫫明確的經營理念時，「從業員燃起使命感，各就其工作崗位」，產生這種姿態、全神貫注經營的情形，特別令人注目。「而明確揭櫫經營理念以後，本身對事業的急速發展幾乎會感到驚奇」，這樣的情形更令人注目。

就是松下電氣的情形也如此，賈洛布萊士教授所說的可以看出「一貫性的原則」。這並非向誰請教而來，而是由切身的經營體驗中掌握了要點而後實行的，是松下特有的經營手腕。現在扮演松下電器第三代社長角色的山下俊彥，更能體會學得松下精神，當然比任何松下人優異。但更令人深感興趣的是山下式經營的基本。從前我訪問山下社長時，他說：

「經營理念不只是繼承，問題是應如何才能更求發展。如果不能適合時代潮流發展下去就難以維持傳統。」他強調：「並非只繼承傳統，還要磨鍊砥礪才最重要。」因此必須強調社員教育徹底實施的重要，這也指出不讓異論有介入的餘地。

還是和前面所介紹過的克勞塞維茲在《戰爭論》所指示者大約相同，重新於下列再加探討。

第二節 經營理念和教育

一、「武德」和社員教育

關於企業的管理職務研修等，諒必大家都已知道。研究如何帶動部下是必要的科目。做為經營學或行動科學基礎的準備參考事例很多。但是為中間管理者，由實際上帶動部屬立場來看，感覺尚嫌不足。儘管以行動科學或經營學為基礎來領導部下，但是部下不一定會依照理論來活動。本來有血氣有個性的人是受感情影響而行動的，有時候行為人自己也感到不可思議的朝不合理的方向行動。

所以人類要將這樣的一個團隊組織，依既定的想法活動，達成某個目標，固然要知道理論，但更非知道實際的要領不可。

第一要知道的是，要一個組織一絲不亂的向目標行動，且要超越困難，不可缺乏的是強大有力而豪邁的團隊精神。

克勞塞維茲在《戰爭論》中，以「武德」兩字來表示這種團隊精神。他說明如下：

「武德是鞏固軍隊、克服任何困難的原動力。」所以任何企業組織內，必須培養並提高這種武德。在此不可疏忽的是：如果對組織不加以管理，這種武德就不能培養出來。

照克勞塞維茲的解釋，「武德」就是超越任何困難危機、邁向目標的原動力。強力而豪邁的團隊精神，就是前面所介紹的「在不斷的活動和環境內辛勤培養，加上勝利的日光，方能萌芽、成長。」一旦成長變成大樹，至少在相當期間、遇到任何挫折或摧敗的狂風也不會枯死。

克勞塞維茲又補充說：「人類的特性是冒著危險、忍耐越過困苦後就會感覺榮耀，而且透過這些會自覺出自己的力量。」但是問題的關鍵是在克勞塞維茲所說的「武德」。要如何在企業組織內培育每一個部屬都具有這些武德精神，其答案是無法解答的。在此再看看森永製菓就能清楚其答案。因爲，森永製菓的衰敗原因，如前所說是經營戰略的失敗（那是缺乏企業的百年大計）。在此再深入探討，其眞實的原因是「對社員過於放縱」。換言之，森永衰敗的眞正原因是第三代社長森永大平的「人性尊重主義的經營」運用欠當所致。

森永的第三代社長森永大平，是創業者森永太一郎的長男，一九〇〇年出生。一九二四年明治大學商學院畢業後，進入森永製菓，以後留學倫敦，後來再回森永擔任經理，負責資材業務，一九四六年滿四十五歲，就任森永第三代社長。他就任社長同時標榜所謂「人性尊重主義」的經營。因而使森永的社員放縱。

二、為何必須教育社員

某經營者說：「經營者被稱爲善人，未必就是名譽的事。做一個人能夠受信賴雖然好，但是其才能如何則是另外的問題。坦白的講，善人型經營者，做起生意來是恐怖危險的。」因爲善人型的經營者，不能嚴格訓練社員，時常放縱部屬，因此企業發生危險的事例很多，看到企業破產的情形可做證明。在此爲供參考，舉例如下：孫子說：「將有五危，……愛民可煩，凡此……將之過也，用兵之災也。」

愛民是愛護士兵（自己屬下），就是善人型。或者有人會反問，愛民爲什麼不好？但在戰場上這種長處反而變成短處者頗多。企業戰爭情形正是如此。

愛民之情比別人強的經營者，其行動容易站在社員這一邊構想，結果時常會放縱社員。反觀名將、名監督則須徹底嚴格訓練兵士、戰士。所以說弱將之下是不能培育出勇士的。

不愧爲智者的江戶商人們，一方面雖以關愛爲基礎，但另方面他們嚴格教育店員，直到讓店員體驗到買賣的嚴謹困難爲止。只在必要時妥做寬容，那是「以慈悲爲本，稍微的過失可原諒。但重要事就不可寬恕，應該處罰就一定要處罰。」（《民家分量記》）由上列的話中可以揣摩出這些通達人性學的江戶商人的智慧。

善人型、愛民型的最高負責人或上司，確實受人歡迎。但是要保持其適當程度是困難的。結果往往被拖倒而誤做決定，以致公司倒閉。

另一方面，善人型的社員也會時常走上放縱的構想、行動，因而拖累上司或最高負責人。這就是企業社會人際關係的困難所在。

企業人，尤其是組織的領導者，要架構理想的組織，須能由內心坦誠地互相談論，而且能糾合成員在團隊競爭目標的火團周圍。這火團不管是那一種都沒關係，但是要能繼續熾熱燃燒著紅亮的炎火。

當然那組織的領導者，必須要比任何人都能燃燒得更旺盛，要從低成長經濟下，將焚燒的火團繼續熾熱的燃燒下去是不容易的。所以其經營者，為了要繼續燃燒其旺火，有時候故意的指責人，因為他平常就對部下說「有將來性所以才要責罵」，而且做得很徹底。所以該責罵時不客氣的就責罵。但是其言語行動，一點也不會令人看到具有私心，所以被責罵的人只有心服。

不管如何，要超越任何困難、衝向目標的原動力，就是「只有鍛鍊得全身傷痕累累的戰士，才能具備的武德。」這句克勞塞維茲的話，頗具份量。那麼將這句話植入腦中，再回顧企業社會，以日立的社員教育為例，執行確實徹底且嚴格。先看大學畢業生的情形，入社後的二年期間，每晚都有課題，所以比大學時還要加上五倍的努力功夫。

具體的說，入社後二年期間，若無法取得英語會話的資格，就不能擔任社員基本資格的企畫委員。加上有關自己專門領域、具備有關內外的資料，更要有聽讀當地語言的能力。尤其是設計主任級，當然除了精通專門技術外，對企業經理、勞務、販賣業務也要有全盤的認識和體驗。綿森力副社長說：「大學畢業，看電視、遊山玩水的社員，本公司不會有。不過晚上要不眠不休地努力，否則就跟不上大家。又有日立模式的人際關係，所以酒得喝、咖啡廳要走、茶會也不能不參加……等等，那就是傳統。」有感於此，將這事向日立人請教，他們的回答是：「其他的公司豈不是一樣？」每天極端的努力用功，在他們認爲是當然的事，所謂「日立精神」的產生源泉，由此可看清楚。在此附帶說明的是：同樣的情形，發生在松下電器、野村證券、住友銀行、日本興業銀行、本田技研等。他們所謂充滿活力的社風是有名企業公司所共有的。

三、日本式經營的再建築

在此爲供參考，再介紹這種日本模式的教育，當然不只在日本企業可以看到，海外的有名企業也可以看到。例如丹麥最大企業ＥＡＯ就以徹底實施斯巴達教育聞名。在這個公司做爲後補幹部，採用的只是中學、高中畢業的男子而已，聽說不採用大學畢業生。

那是由於幹部的ＥＡＯ精神要在本社做基本教育的想法。爲了要培養ＥＡＯ精神，公司對基本教育是非常的嚴格。規定和公司的實習生同時由早晨八時起二個鐘頭，黃昏由五時起三個鐘頭，合計五個鐘頭之久，每日舉行徹底的基礎教育。英語、德語是必修，另外還要修習其他一種語言的外語教育。而打字、數學、會計、貿易實務、情報處理等，要學習二年。其次晉昇上級要學習經營管理、原價計算、政治、經濟、法律等課程。教育結束，須參加上級考試及格，之後再繼續接受斯巴達教育。等入伍當兵回來，還要在海外勤務接受實地教育，這期間不可結婚。以上這些規定來自二十五歲以前，應該保持單身，好讓自己用功鑽研的想法。這在EAO會社，稱爲「火的洗禮」，接受這個火的洗禮回到本社，再經選擇，並再度接受教育之後，再派出海外。以後大約二十年期間，轉戰世界各地，對工作盡心力，一方面學習當地的語言，也到大學繼續「進修」學習。

丹麥因缺乏資源，所以國民不得不在海外努力工作賺錢。爲此，身爲幹部的人，應有拓荒精神的勇氣和見識，並具備國際感覺、實行力、耐性、指導力等種種資質。且須有以公司爲第一的觀念，非盡百分之百的忠誠不可。

這就是EAO的基本想法。在國家福祉至上的丹麥，忠誠、奉公、修行，這些嘉言現在仍活生生地深植在每個人腦中，這是令人深感興趣的事，但是蘊含在其中的東西才更有注目的價值。

最近，所有企業無不盡力於社員教育的工作，基於所謂生涯教育的理念與課程來實施教育。唯大部分偏重於技術，也就是對經營技術的教育訓練頗多，但另方面似乎不太重視精神教育。這大概就是最近企業界在職教育的趨勢。對專門性教育的必要性都有相當的肯定，但對精神教育（不是指修身，主要是指繼承各公司的傳統）卻忽略了。總之，企業經營就是經營理念的體現，若能再加體認自然會瞭解其情形。本書所列舉的許多企業事例均可做說明。

最後筆者想要說的是，撇開偏重技術，應知道如何再建築日本模式的經營。或者有人又會說那是落伍的想法。但是大家如果眞正體會日本模式的企業，才會眞正成爲國際企業，那麼筆者所說的日本模式經營的再建造論，諒必大家也會理解。雖然這是畫蛇添足，但是頗値得在最後再提一提，以做全文的結束。

後記

經濟是活的東西，企業也是活的東西——這種事實如加思考，可說是理所當然的事。筆者在二十餘年的工商記者生活中，親眼目睹各種企業的盛衰史，但是近年尤其強烈的感受到企業社會的恐怖、嚴苛。

尤其是一九七三年末的第一次石油衝擊以後，深感生存在企業社會的困難、嚴苛、恐怖，並切身感受到企業人「受難時代」的序幕業已拉開。

企業生命本來就應該永遠、如預期的繼續安定成長。不用說，只要是企業人，每一個都希望爲此拼命工作、忍耐勞苦。但現實的企業社會到底是無情的，在企業戰爭不斷激烈化的時代背景中，不斷發生因競爭失敗而衰退的企業。

而決定企業盛衰的眞正原因是什麼？——於此再回到工商記者的立場來說，這正是我長久以來所關心的事，也是研究的課題。所以在二十餘年的工商記者生活中無不思索這些事情，且常向各種企業家請教，但在此坦白的說，不容易找出答案來。

爲什麼？企業的盛衰取決於各企業人的「經營力」。其實「經營力是什麼」？從不斷分析此問題，經過好幾年的工商記者生活中，好不容易才得到這些結論而著手寫這本書。

當然本書所提示的「經營力」（包括本文提示的構想力、目的選擇力、決定力、革新力、事業化力加組織力，乘以經營理念的綜合）只是筆者的結論、試論，並不認爲是唯一絕對性的理論。因爲若閱讀本書，隨時都會理解，且在各種企業盛衰史及分析現實的企業活動、深入探索過程中，自然能體會其中道理。因此筆者認爲本書可供很多企業人做參考，而事實如何，請讀者不客氣的賜予批評指教。

在此再表達一些個人的感想：今日任何世界性企業，都在說明由所謂「簡陋的小屋」般的狀況中出發的事實，請各位企業人想一想隱藏在其中的原因。雖然同樣拼命在工作、繼續在努力，但其結果竟有天壤之別，其原因何在？也請仔細想一想。在此還要請大家想一想本書所有可供參考的資料。

最後，筆者爲整理本書，承蒙許多企業人鼎力協助，謹此表示由衷的感謝。

對本書的出版，要向PHP研究所諸位先生的支援致謝。尤其是森井道弘氏，他熱心的支援、百般的忍耐協助，更令我衷心的感謝。

昭和五十五年（一九八〇年）三月二十八日

青野豐作

滄海叢刊書目（一）

國學類

中國學術思想史論叢(一)～(八)	錢　穆　著
現代中國學術論衡	錢　穆　著
兩漢經學今古文平議	錢　穆　著
宋代理學三書隨劄	錢　穆　著

哲學類

國父道德言論類輯	陳立夫　著
文化哲學講錄(一)～(五)	鄔昆如　著
哲學與思想	王曉波　著
內心悅樂之源泉	吳經熊　著
知識、理性與生命	孫寶琛　著
語言哲學	劉福增　著
哲學演講錄	吳　怡　著
後設倫理學之基本問題	黃慧英　著
日本近代哲學思想史	江日新　譯
比較哲學與文化(一)(二)	吳　森　著
從西方哲學到禪佛教——哲學與宗教一集	傅偉勳　著
批判的繼承與創造的發展——哲學與宗教二集	傅偉勳　著
「文化中國」與中國文化——哲學與宗教三集	傅偉勳　著
從創造的詮釋學到大乘佛學——哲學與宗教四集	傅偉勳　著
中國哲學與懷德海	東海大學哲學研究所主編
人生十論	錢　穆　著
湖上閒思錄	錢　穆　著
晚學盲言(上)(下)	錢　穆　著
愛的哲學	蘇昌美　著
是與非	張身華　譯
邁向未來的哲學思考	項退結　著
逍遙的莊子	吳　怡　著
莊子新注（內篇）	陳冠學　著
莊子的生命哲學	葉海煙　著
墨家的哲學方法	鍾友聯　著
韓非子析論	謝雲飛　著

韓非子的哲學	王邦雄　著
法家哲學	姚蒸民　著
中國法家哲學	王讚源　著
二程學管見	張永儁　著
王陽明——中國十六世紀的唯心主義哲學家	張君勱原著、江日新中譯
王船山人性史哲學之研究	林安梧　著
西洋百位哲學家	鄔昆如　著
西洋哲學十二講	鄔昆如　著
希臘哲學趣談	鄔昆如　著
近代哲學趣談	鄔昆如　著
現代哲學述評(一)	傅佩榮編譯
中國十九世紀思想史(上)(下)	韋政通　著
存有・意識與實踐——熊十力《新唯識論》之詮釋與重建	林安梧　著
先秦諸子論叢	康端正　著
先秦諸子論叢（續編）	康端正　著
周易與儒道墨	張立文　著
孔學漫談	余家菊　著
中國近代哲學思想的展開	張立文　著
近代哲學趣談	鄔昆如　著
現代哲學趣談	鄔昆如　著
宗教類	
天人之際	李杏邨　著
佛學研究	周中一　著
佛學思想新論	楊惠南　著
現代佛學原理	鄭金德　著
絕對與圓融——佛教思想論集	霍韜晦　著
佛學研究指南	關世謙　譯
當代學人談佛教	楊惠南編著
從傳統到現代——佛教倫理與現代社會	傅偉勳主編
簡明佛學概論	于凌波　著
修多羅頌歌	陳慧劍　著
禪話	周中一　著

自然科學類

異時空裡的知識追求——科學史與科學哲學論文集	傅大爲 著

社會科學類

中國古代游藝史——樂舞百戲與社會生活之研究	李建民 著
憲法論叢	鄭彥棻 著
憲法論衡	荊知仁 著
國家論	薩孟武 譯
中國歷代政治得失	錢 穆 著
先秦政治思想史	梁啟超原著、賈馥茗標點
當代中國與民主	周陽山 著
釣魚政治學	鄭赤琰 著
政治與文化	吳俊才 著
中國現代軍事史	劉 馥著、梅寅生 譯
世界局勢與中國文化	錢 穆 著
海峽兩岸社會之比較	蔡文輝 著
印度文化十八篇	糜文開 著
美國的公民教育	陳光輝 譯
美國社會與美國華僑	蔡文輝 著
文化與教育	錢 穆 著
開放社會的教育	葉學志 著
經營力的時代	青野豐作著、白龍芽 譯
大眾傳播的挑戰	石永貴 著
傳播研究補白	彭家發 著
「時代」的經驗	汪 琪、彭家發 著
書法心理學	高尚仁 著
清代科舉	劉兆璸 著
排外與中國政治	廖光生 著
中國文化路向問題的新檢討	勞思光 著
立足臺灣，關懷大陸	韋政通 著
開放的多元化社會	楊國樞 著
臺灣人口與社會發展	李文朗 著
日本社會的結構	福武直原著、王世雄 譯
財經文存	王作榮 著
財經時論	楊道淮 著

史地類

古史地理論叢	錢　穆　著
歷史與文化論叢	錢　穆　著
中國史學發微	錢　穆　著
中國歷史研究法	錢　穆　著
中國歷史精神	錢　穆　著
憂患與史學	杜維運　著
與西方史家論中國史學	杜維運　著
清代史學與史家	杜維運　著
中西古代史學比較	杜維運　著
歷史與人物	吳相湘　著
共產國際與中國革命	郭恒鈺　著
抗日戰史論集	劉鳳翰　著
盧溝橋事變	李雲漢　著
歷史講演集	張玉法　著
老臺灣	陳冠學　著
臺灣史與臺灣人	王曉波　著
變調的馬賽曲	蔡百銓　譯
黃　帝	錢　穆　著
孔子傳	錢　穆　著
宋儒風範	董金裕　著
增訂弘一大師年譜	林子青　著
精忠岳飛傳	李　安　著
唐玄奘三藏傳史彙編	釋光中　編
一顆永不殞落的巨星	釋光中　著
新亞遺鐸	錢　穆　著
困勉強狷八十年	陶百川　著
我的創造・倡建與服務	陳立夫　著
我生之旅	方　治　著

語文類

文學與音律	謝雲飛　著
中國文字學	潘重規　著
中國聲韻學	潘重規、陳紹棠　著
詩經研讀指導	裴普賢　著
莊子及其文學	黃錦鋐　著
離騷九歌九章淺釋	繆天華　著

陶淵明評論　李辰冬 著
鍾嶸詩歌美學　羅立乾 著
杜甫作品繫年　李辰冬 著
唐宋詩詞選——詩選之部　巴壺天 編
唐宋詩詞選——詞選之部　巴壺天 編
清眞詞研究　王支洪 著
苕華詞與人間詞話述評　王宗樂 著
元曲六大家　應裕康、王忠林 著
四說論叢　羅盤 著
漢賦史論　簡宗梧 著
紅樓夢的文學價值　羅德湛 著
紅樓夢與中華文化　周汝昌 著
紅樓夢研究　王關仕 著
中國文學論叢　錢穆 著
牛李黨爭與唐代文學　傅錫壬 著
迦陵談詩二集　葉嘉瑩 著
西洋兒童文學史　葉詠琍 著
一九八四　George Orwell 原著　劉紹銘 譯
文學原理　趙滋蕃 著
文學新論　李辰冬 著
分析文學　陳啟佑 著
解讀現代、後現代
——文化空間與生活空間的思索　葉維廉 著
中西文學關係研究　王潤華 著
魯迅小說新論　王潤華 著
比較文學的墾拓在臺灣　古添洪、陳慧樺主編
從比較神話到文學　古添洪、陳慧樺主編
神話卽文學　陳炳良等譯
現代文學評論　亞菁 著
現代散文新風貌　楊昌年 著
現代散文欣賞　鄭明娳 著
實用文纂　姜超嶽 著
增訂江皋集　吳俊升 著
孟武自選文集　薩孟武 著
藍天白雲集　梁容若 著
野草詞　韋瀚章 著

野草詞總集	韋瀚章 著
李韶歌詞集	李韶 著
石頭的研究	戴天 著
留不住的航渡	葉維廉 著
三十年詩	葉維廉 著
寫作是藝術	張秀亞 著
讀書與生活	琦君 著
文開隨筆	糜文開 著
印度文學歷代名著選(上)(下)	糜文開 編著
城市筆記	也斯 著
歐羅巴的蘆笛	葉維廉 著
移向成熟的年齡1987～1992詩	葉維廉 著
一個中國的海	葉維廉 著
尋索：藝術與人生	葉維廉 著
山外有山	李英豪 著
知識之劍	陳鼎環 著
還鄉夢的幻滅	賴景瑚 著
葫蘆・再見	鄭明娳 著
大地之歌	大地詩社 編
往日旋律	幼柏 著
鼓瑟集	幼柏 著
耕心散文集	耕心 著
女兵自傳	謝冰瑩 著
抗戰日記	謝冰瑩 著
給青年朋友的信(上)(下)	謝冰瑩 著
冰瑩書柬	謝冰瑩 著
我在日本	謝冰瑩 著
大漢心聲	張起鈞 著
人生小語㈠～㈣	何秀煌 著
記憶裏有一個小窗	何秀煌 著
回首叫雲飛起	羊令野 著
康莊有待	向陽 著
湍流偶拾	繆天華 著
文學之旅	蕭傳文 著
文學邊緣	周玉山 著
文學徘徊	周玉山 著

種子落地	葉海煙 著
向未來交卷	葉海煙 著
不拿耳朵當眼睛	王讚源 著
古厝懷思	張文貫 著
材與不材之間	王邦雄 著
美術類	
音樂人生	黃友棣 著
樂圃長春	黃友棣 著
樂苑春回	黃友棣 著
樂風泱泱	黃友棣 著
樂境花開	黃友棣 著
音樂伴我遊	趙琴 著
談音論樂	林聲翕 著
戲劇編寫法	方寸 著
戲劇藝術之發展及其原理	趙如琳譯著
與當代藝術家的對話	葉維廉 著
藝術的興味	吳道文 著
根源之美	莊申 著
扇子與中國文化	莊申 著
水彩技巧與創作	劉其偉 著
繪畫隨筆	陳景容 著
素描的技法	陳景容 著
建築鋼屋架結構設計	王萬雄 著
建築基本畫	陳榮美、楊麗黛 著
中國的建築藝術	張紹載 著
室內環境設計	李琬琬 著
雕塑技法	何恆雄 著
生命的倒影	侯淑姿 著
文物之美——與專業攝影技術	林傑人 著